ISSN 0044-2267

ZEITSCHRIFT FÜR ANGEWANDTE MATHEMATIK UND MECHANIK

INGENIEURWISSENSCHAFTLICHE FORSCHUNGSARBEITEN

BAND 60 1980 HEFT 4

AUS DEM INHALT

A K A D E M I E - V E R L A G · B E R L I N

ZAMM Bd. 60 Nr. 4 S. 177—220 Berlin, April 1980

EVP 18,— M 34115

INHALT

Hauptaufsätze

Wir bitten, **Manuskriptsendungen** zweifach (Original und eine Kopie, sprachlich einwandfrei, Formeln mit Maschine oder in Druckschrift geschrieben) an folgende Anschrift zu richten:

Zeitschrift für Angewandte Mathematik und Mechanik z. Hd. Herrn Prof. Dr. Günter Schmidt
Zentralinstitut für Mathematik und Mechanik an der Akademie der Wissenschaften der DDR
DDR-1080 Berlin, Mohrenstraße 39.

Zu den Arbeiten, die als Hauptaufsätze bestimmt sind, ist auf gesondertem Blatt eine Zusammenfassung von 5 bis 10 Zeilen in englischer und (möglichst) deutscher und russischer Sprache beizufügen. Ausführliche Hinweise für die Autoren, um deren strikte Berücksichtigung gebeten wird, finden sich im Anschluß an das Inhaltsverzeichnis des Jahrganges **59** (1979).

Die Autoren erhalten von den Hauptaufsätzen 75, von den Kleinen Mitteilungen 25 Sonderdrucke ohne Berechnung, darüber hinaus weitere Sonderdrucke gegen Berechnung.

Bestellungen sind zu richten

- **in der DDR** an den Postzeitungsvertrieb, an eine Buchhandlung oder an den AKADEMIE-VERLAG, DDR-1080 Berlin, Leipziger Straße 3—4
- **im sozialistischen Ausland** an eine Buchhandlung für fremdsprachige Literatur oder an den zuständigen Postzeitungsvertrieb
- **in der BRD und Westberlin** an eine Buchhandlung oder an die Auslieferungsstelle KUNST UND WISSEN, Erich Bieber, 7000 Stuttgart 1, Wilhelmstraße 4—6
- **in Österreich** an den Globus-Buchvertrieb, 1201 Wien, Höchstädtplatz 3
- **in den übrigen westeuropäischen Ländern** an eine Buchhandlung oder an die Auslieferungsstelle KUNST UND WISSEN, Erich Bieber GmbH, CH-8008 Zürich/Schweiz, Dufourstraße 51
- **im übrigen Ausland** an den Internationalen Buch- und Zeitschriftenhandel; den Buchexport, Volkseigener Außenhandelsbetrieb der Deutschen Demokratischen Republik, DDR-7010 Leipzig, Postfach 160, oder an den AKADEMIE-VERLAG, DDR-1080 Berlin, Leipziger Straße 3—4.

ZEITSCHRIFT FÜR ANGEWANDTE MATHEMATIK UND MECHANIK
Herausgeber und Chefredakteur: Prof. Dr. Günter Schmidt. Redaktion: Dr. Winfried Heinrich, Dr. Horst Weinert, Dipl.-Math. Friedhild Dudel, Helga Rühl, Zentralinstitut für Mathematik und Mechanik der Akademie der Wissenschaften der DDR. Verlag: Akademie-Verlag, DDR-1080 Berlin, Leipziger Straße 3—4; Fernruf 2236221 oder 2236229; Telex-Nr.: 114420; Bank: Staatsbank der DDR, Berlin, Kto.-Nr.: 6836-26-20712. Anschrift der Redaktion: Zentralinstitut für Mathematik und Mechanik der Akademie der Wissenschaften, DDR-1080 Berlin, Mohrenstraße 39; Fernruf: 2000561.

Veröffentlicht unter der Lizenznummer 1282 des Presseamtes beim Vorsitzenden des Ministerrates der Deutschen Demokratischen Republik. Gesamtherstellung: VEB Druckerei „Thomas Müntzer", DDR-5820 Bad Langensalza. Erscheinungsweise: Die Zeitschrift für Angewandte Mathematik und Mechanik erscheint monatlich. Die 12 Hefte eines Jahres einschließlich Tagungsheft bilden einen Band. Bezugspreis je Band 360,— M zuzüglich Versandspesen (Preis für die DDR 216,—M). Bezugspreis je Heft 30,—M (Preis für die DDR 18,—M). Bestellnummer dieses Heftes: 1009/60/4.

AN (EDV) 35937

ASMW

ZEITSCHRIFT FÜR ANGEWANDTE MATHEMATIK UND MECHANIK

INGENIEURWISSENSCHAFTLICHE FORSCHUNGSARBEITEN

HERAUSGEGEBEN VON G. SCHMIDT, BERLIN

Band 59

Neunundfünfzigster Jahrgang 1979

AKADEMIE-VERLAG · BERLIN

Inhaltsübersicht

A. Verfasserverzeichnis

(B. = Bericht; Ber. = Berichtigung, H. = Hauptaufsatz; HV. = Hauptvortrag; KM. = Kleine Mitteilung; N. = Nachricht; V. = Vortragsauszug; ZB. = Zusammenfassender Bericht)

Der Buchstabe T vor der Seitenzahl weist darauf hin, daß der betreffende Beitrag in den Sonderheften 6 bzw. 7 (GAMM-Tagung 1977) erschienen ist.

B. Sachverzeichnis

(Abkürzungen siehe Seite II)

Seite

Differential- und Integralgleichungen

(siehe auch Numerische Mathematik und Rechentechnik; Operationsforschung, Optimierung, optimale Prozesse; Regelungssysteme, Automatentheorie)

Dynamik, Schwingungen

(siehe auch Differential- und Integralgleichungen; Elasto- und Plastomechanik; Mechanik (allgemein) und Physik; Operationsforschung, Optimierung, optimale Prozesse; Strukturmechanik (Stäbe, Platten, Schalen usw.))

Elasto- und Plastomechanik

(siehe auch Strukturmechanik (Stäbe, Platten, Schalen usw.); Wärmeübertragung)

Gasdynamik und Magnetohydrodynamik

(siehe auch Grenzschichttheorie und Turbulenz; Strömungsmechanik; Wärmeübertragung)

Grenzschichttheorie und Turbulenz

(siehe auch Gasdynamik und Magnetohydrodynamik; Wärmeübertragung)

Mathematik, allgemein

(siehe auch Approximationstheorie; Differential- und Integralgleichungen; Intervallmathematik; Matrizen; Numerische Mathematik und Rechentechnik; Operationsforschung, Optimierung, optimale Prozesse; Regelungssysteme, Automatentheorie; Wahrscheinlichkeitstheorie und Mathematische Statistik)

Matrizen

Mechanik (allgemein) und Physik

Numerische Mathematik und Rechentechnik

Optimierung, optimale Prozesse

Regelungssysteme, Automatentheorie

(siehe auch Dynamik, Schwingungen)

Strukturmechanik (Stäbe, Platten, Schalen usw.)

(siehe auch Dynamik, Schwingungen; Elasto- und Plastomechanik)

Strömungsmechanik

(siehe auch Dynamik, Schwingungen; Gasdynamik und Magnetohydrodynamik; Grenzschichttheorie und Turbulenz; Numerische Mathematik und Rechentechnik)

C. Buchbesprechungen

Hinweise für Autoren

Manuskripte (zweifach, Original und eine Kopie) und andere den Inhalt der Zeitschrift betreffende Zuschriften sind dem Herausgeber der ZAMM entweder über ein Mitglied des Herausgebergremiums oder direkt über folgende Anschrift zuzuleiten:

Zeitschrift für Angewandte Mathematik und Mechanik
z. Hd. Herrn Prof. Dr. Günther Schmidt
Zentralinstitut für Mathematik und Mechanik
an der Akademie der Wissenschaften der DDR
DDR-108 Berlin, Mohrenstraße 39

Bei Einreichen des Manuskripts hat der Autor verbindlich zu erklären, daß sein Aufsatz noch in keiner anderen allgemein zugänglichen Zeitschrift veröffentlicht worden ist bzw. kein Antrag auf Veröffentlichung in einer solchen Zeitschrift läuft.

Es wird erwartet, daß der Autor über eine weitere Kopie verfügt. Die Manuskripte müssen in ihrer äußeren Gestaltung folgenden Anforderungen genügen, anderenfalls sie zurückgewiesen werden können oder in der Bearbeitung lange Verzögerungen eintreten:

1. Die Manuskripte sind in einwandfreier sprachlicher Form (einschließlich Orthographie, Interpunktion) einzureichen.

2. Die Manuskriptseiten sind nur einseitig zu beschreiben. Der Text ist mit Maschine mit weitem Zeilenabstand (zweizeilig) und mit mindestens 3 cm breitem Rand zu schreiben.

3. **Formeln** müssen einwandfrei lesbar mit Maschine oder in Druckschrift und mit großem Zeilenabstand geschrieben sein. Für mehrfach wiederkehrende umfangreiche oder drucktechnisch komplizierte Terme sind abkürzende Bezeichnungen einzuführen. Bei Exponentialausdrücken mit längerem Exponenten ist weitgehend von der Schreibweise exp (...) Gebrauch zu machen. Die verwendeten Formelzeichen sind in einer für den Setzer eindeutigen Weise zu kennzeichnen und gegebenenfalls in einer besonderen Liste zu erläutern. Um unnötige Korrekturen zu vermeiden, ist genau zu unterscheiden, zwischen v, ν, γ und r; φ und ϕ; ψ und Ψ; 0(Null), O, o, Θ und θ $\times$; 1 l, und e; K, k und χ; i und ι; ζ und ξ; x, X und χ; u und n. Griechische Buchstaben können rot unterstrichen werden. Die wichtigsten, insbesondere auch die im weiteren Verlauf des Textes zitierten Formeln sind am rechten Rand der Manuskriptseiten in runden Klammern durchzunumerieren.

4. Es ist darauf zu achten, daß alle benutzten Abkürzungen definiert sind. Es wird gebeten, Textabkürzungen wie Dgl., eq. zu vermeiden.
Sätze, Hilfssätze, Korrolare, Definitionen, Beweise u. dgl. sind dadurch hervorzuheben, daß ihnen in Sperrdruck das betreffende Wort (Satz..., Beweis..., usw.) vorangestellt wird. Die Aussage eines Satzes oder Hilfssatzes wird einheitlich kursiv gedruckt. Das Ende einer solchen Aussage oder eines Beweises ist im Manuskript zu markieren. Bei Hauptaufsätzen ist im Interesse einer übersichtlicheren Gliederung und besseren Lesbarkeit weitgehend von der Möglichkeit Gebrauch zu machen, einzelne Passagen (Beweise, Bemerkungen, ...) durch Kleindruck gegenüber dem Haupttext zurücktreten zu lassen und die Stellen durch den Hinweis „Petit" zu kennzeichnen.

5. Als Vorlage für die **Abbildungen** sind saubere Zeichnungen in Bleistift oder Tusche (Beschriftung nur mit Bleistift) auf gesonderten Blättern und in einem genügend großen, eine Verkleinerung gestattenden Format erforderlich. Da Korrekturen in den Abbildungen schwierig sind, ist hier besonders sorgfältig zwischen ähnlichen Buchstaben zu unterscheiden (vgl. 3).

6. Auf **Literatur** ist im Text durch Nummern in eckigen Klammern zu verweisen. Das nach diesen Nummern geordnete Literaturverzeichnis erscheint am Ende des Aufsatzes. Es wird gebeten, darin die Literatur nach folgendem Muster anzuführen:
bei Büchern:
HOUSEHOLDER, A. S., The theory of matrices in numerical analysis, Blaisdell Publ. Comp., New York/Toronto/London 1964.
bei Zeitschriftenartikeln:
WEISSINGER, J., Zur nichtlinearen Theorie der ungleichförmigen Umströmung von Profilen, Z. Angew. Math. u. Mech. **50** (1970), S. 337–346.
bei Sammelwerken:
Barber, J. R., Thermoelastic contact problems. In: de Pater, A. D.; Kalker, J. J. (Ed.), The mechanics of the contact between deformable bodies. Proc. Symp. IUTAM, Enschede 20. bis 23. 8. 74. Delft: Delft University Press 1975, S. 177–205.

Russischsprachige Zitate können in kyrillischen Buchstaben oder in einer der gebräuchlichen Transliterationen geschrieben werden.

Handelt es sich bei der zitierten Literaturstelle um eine Übersetzung, so ist anzugeben, wo bzw. in welcher Zeitschrift, in welchem Jahr und in welcher Sprache das Original erschienen ist.

7. Den Manuskripten, die als Hauptaufsätze bestimmt sind, ist auf gesondertem Blatt eine **Zusammenfassung** von höchstens 15 Zeilen in englischer, deutscher und russischer Sprache beizufügen. Falls sie nicht in deutscher oder russischer Sprache geliefert werden kann, ist wenigstens eine Liste der vorkommenden Fachausdrücke in der fehlenden Sprache erwünscht.
Auch bei Kleinen Mitteilungen ist eine kurze Zusammenfassung in der Sprache der Arbeit erwünscht.

8. Dem Manuskript ist die **Anschrift der Autoren** mit akademischem Titel und Institut) beizufügen, die am Ende des Aufsatzes zur Information des Lesers veröffentlicht wird. Darüber hinaus sind diejenigen Anschriften anzugeben, an welche die Korrekturabzüge und die Sonderdrucke zu senden sind. Ändert sich während der Laufzeit einer Arbeit eine Anschrift, so ist dies zur Vermeidung von Fehlleitungen und langen Verzögerungen dem Herausgeber der ZAMM mitzuteilen. Die Autoren erhalten von den Hauptaufsätzen 75, von den Kleinen Mitteilungen 25 Sonderdrucke ohne Berechnung darüber hinaus weitere gegen Berechnung.

Remarks for authors

Manuscripts (master and one copy) and other correspondence relating to the contents of the journal should be addressed to the editor of ZAMM, either through any one member of the editorial board or direct to the following address:

Zeitschrift für Angewandte Mathematiik und Mechanik
c/o Prof. Dr. Günter Schmidt
Zentralinstitut für Mathematik und Mechanik
an der Akademie der Wissenschaften der DDR
DDR-108 Berlin, Mohrenstraße 39

On submitting manuscripts authors must give the explicit assurance that the paper submitted has not previously been published in, nor been submitted for publication to, another public journal.

Authors should have a copy of their manuscript.
The following rules in the set-up of manuscripts should be observed to avoid the risk of delayed publication or even rejection.

1. The manuscripts should be well written (including spelling and punctuation).

2. The text should be typewritten using only one side of the sheet, with adequate line spacing (2-line spacing) and a margin of not less than 3 cm.

3. **Formulas** must be clearly legible (typewritten or written clearly) and with adequate line spacing. Long terms that occur especially frequently or terms that present especial difficulty to type-setters should be abbreviated, if possible. In exponential expressions with comparatively long exponents the abbreviation "exp(...)" should preferably be used throughout. Signs used in formulas should be clearly recognizable to type-setters or, if necessary, explained in an appended list. To avoid tiresome corrections special care should be taken to clearly distinguish between: v, γ, v and r; φ and Φ; ψ and Ψ; 0(zero), O, o, Θ and Θ; 1, l und e, K, k and χ; i and i; ζ and ξ; x, X and χ; u and n. It would be helpful if Greek letters are underlined in red. Major formulas, in particular the ones quoted throughout the text, should be numbered continually on the right margin (in parentheses).

4. All abbreviations must be defined, and abbreviated words or text sections should be avoided.
Theorems, corollaries, definitions, proofs, etc. should be emphasized by printing, in spaced type, the relevant term (theorem .., proof ..., etc.) in front of the expression, which, in its turn, will be printed uniformly in italics. The end of a theorem, proof. etc. should be marked in the manuscript. Certain passages (proofs, remarks, etc.) in articles and monographs may be printed in smaller type to ensure easy readability and should, therefore, be marked "petit" in the manuscript.

5. **Illustations** should be in the form of clear pencil or ink drawings (captions, legends, etc. in pencil only!) on separate sheets, big enough to be scaled down.
Since corrections in illustrations are difficult special care must be taken to differentiate clearly between similar letters (see paragrph 3).

6. **References** should be numbered in brackets throughout the text, with the bibliography according to these numbers appended. References should follow the model printed below:

books:
HOUSEHOLDER, A. S., The theory of matrices in numerical analysis, Blaisdell Publ. Comp., New York/Toronto/London 1964, p. 74.

articles:
WEISSINGER, J., Zur nichtlinearen Theorie der ungleichförmigen Umströmung von Profilen, ZAMM **50** (1970), S. 337–346.

proceedings etc.:
Barber, J. R., Thermoelastic contact problems. In: de Pater, A. D.; Kalker, J. J. (Ed.), The mechanics of the contact between deformable bodies. Proc. Symp. IUTAM, Enschede 20.–23. 8. 74. Delft: Delft University Press 1975. S. 177–205.

Russian quotations can be written in Cyrillic letters or in customary transcriptions.
In cases of translated references, the original source (name of periodical, year of publication, original language) should be stated.

7. A concise **summary** (not more than 15 lines) in English, German or Russian should be provided on a separate sheet for manuscripts intended as major articles. If a summary cannot be provided in German or Russian, a list of the technical terms of the missing language will be appreciated. A brief summary is also desired of shorter contributions (Kleine Mitteilungen) in the same language as the contribution.

8. Authors should state their academic title, institute and address which will be published at the end of the contribution for the information or readers. Addresses should also be stated of persons to whom galley proofs and reprints are to be sent. The editors of ZAMM should be notified of any change of the author's address occuring after submission of a contribution, so as to avoid any postal errors and delays. Authors of major articles will be supplied with 75 free reprints: authors of other contributions will receive 25. All additional reprints have to be paid for.

ZEITSCHRIFT FÜR ANGEWANDTE MATHEMATIK UND MECHANIK

Herausgeber und Chefredakteur: Prof. Dr. Günter Schmidt (redaktionelle Mitarbeit: Dr. W. Heinrich und Dr. H. Weinert), Zentralinstitut für Mathematik und Mechanik der Akademie der Wissenschaften der DDR. Verlag: Akademie-Verlag, DDR-1080 Berlin, Leipziger Straße 3–4; Fernruf: 2236229 oder 2236221; Telex-Nr.: 114420; Bank: Staatsbank der DDR, Berlin, Kto.-Nr.: 6836-26-20712. Anschrift der Redaktion: Zentralinstitut für Mathematik und Mechanik der Akademie der Wissenschaften, DDR-1080 Berlin, Mohrenstraße 39; Fernruf 2000561.

Veröffentlicht unter der Lizenznummer 1282 des Presseamtes beim Vorsitzenden des Ministerrates der Deutschen Demokratischen Republik. Gesamtherstellung: VEB Druckerei „Thomas Müntzer", DDR-5820 Bad Langensalza. Erscheinungsweise: Die Zeitschrift für Angewandte Mathematik und Mechanik erscheint monatlich. Die 12 Hefte eines Jahres einschließlich Tagungsheft bilden einen Band. Bezugspreis je Band 324,– M zuzüglich Versandspesen (Preis für die DDR 216,– M). Bezugspreis je Heft 27,– M (Preis für die DDR 18,– M).

AN (EDV) 35937

ISSN 0044-2267

ZAMM 60, 177–183 (1980)

H. FRIEDRICH / K. HENNIG

Zur Berechnung von Überschreitenswahrscheinlichkeiten stochastisch beanspruchter mechanischer Systeme

Bei der Untersuchung der Zuverlässigkeit und Sicherheit von stochastisch beanspruchten Konstruktionen besteht eine wesentliche Aufgabe in der Vorausbestimmung der Wahrscheinlichkeit dafür, daß ein solches System versagt, wenn die Beanspruchung oder ein anderer betrachteter stochastischer Prozeß in einem vorgegebenen Zeitintervall mindestens einmal ein bestimmtes Niveau überschreitet. Für diese Überschreitenswahrscheinlichkeit werden Berechnungsformeln abgeleitet.

For the examination of the reliability and safety of random loaded constructions it is important to determine the probability that the construction failes if the stress or another stochastic process crosses a fixed level in a determined time interval at least one time. Computation formulas for such first crossing probabilities are derived subsequently.

При исследовании надёжности и безопасности конструкций со случайной нагрузкой важная задача состоит в том, чтобы заранее определить вероятность того, что происходит отказ системы, если нагрузка или другой рассматриваемый случайный в заданном интервале времени пересекает по крайней мере один раз определённый уровень. Для этой вероятности пересечения выведены рассчётные формулы.

1. Einleitung

Wirken auf Konstruktionen stochastische Einflüsse ein, die die Funktionsfähigkeit maßgeblich beeinträchtigen können, so ist es notwendig, die für rein deterministische Beanspruchungen formulierten Sicherheitsvorschriften und Standards durch wahrscheinlichkeitstheoretische Aussagen über das Versagen bzw. die Zuverlässigkeit derartiger Systeme zu ergänzen bzw. zu ersetzen. Im folgenden betrachten wir den Problemkreis, daß ein System versagt, wenn die Beanspruchung oder ein anderer betrachteter stochastischer Prozeß erstmals einen bestimmten Schwellwert (Niveau) überschreitet. Die Forderung nach einer ausreichenden Kleinheit solcher Überschreitenswahrscheinlichkeiten kann als wahrscheinlichkeitstheoretisches Äquivalent zu der im Deterministischen üblichen Forderung nach Nichtüberschreiten eines vorgegebenen Höchstwertes angesehen werden. Dabei sind im folgenden die zulässigen Niveaus als konstant vorausgesetzt.

2. Bezeichnungen

Es bezeichne $Z(t, \omega)$ über einem Wahrscheinlichkeitsraum $(\Omega, \mathfrak{A}, P)$ den in einem halboffenen Zeitintervall $[0, T)$ zu betrachtenden reellwertigen, zumindest stückweise nach t differenzierbaren stochastischen Prozeß und $\dot{Z}(t, \omega)$ seine Ableitung nach t. Dabei ist die nichtleere Menge Ω die Menge der Elementarereignisse ω, $\mathfrak{A}$ die Menge der zufälligen Ereignisse und P das Wahrscheinlichkeitsmaß auf einer σ-Algebra $\mathfrak{A}$ von Teilmengen von Ω. $Z(t, \omega)$ bzw. $\dot{Z}(t, \omega)$ sind dann Abbildungen von $[0, T) \times \Omega$ in die Menge der reellen Zahlen. $Z(t, \omega^*)$ für ein festes $\omega^* \in \Omega$ wird eine Realisierung des stochastischen Prozesses genannt. Die vorausgesetzte stückweise Differenzierbarkeit bringt zum Ausdruck, daß der stochastische Prozeß fast sicher stückweise differenzierbar ist, d. h. daß seine Realisierungen mit Wahrscheinlichkeit 1 stückweise differenzierbare Funktionen der Zeit t sind. Wenn keine Verwechselungen möglich sind, wird der Realisierungsparameter ω weggelassen, also nur $Z(t)$ und $\dot{Z}(t)$ geschrieben.

Die stochastischen Prozesse $Z(t)$ und $\dot{Z}(t)$ sind durch die Folge der Verteilungsfunktionen

$$F_{Z\ldots Z\dot{Z}\ldots\dot{Z}}(z_1, \ldots, z_n, \bar{z}_1, \ldots, \bar{z}_m; t_1, \ldots, t_n, \bar{t}_1, \ldots, \bar{t}_m) = P\{Z(t_1) \leqq z_1, \ldots, Z(t_n) \leqq z_n, \dot{Z}(\bar{t}_1) \leqq \bar{z}_1, \ldots, \dot{Z}(\bar{t}_m) \leqq \bar{z}_m\}\,,$$
$$n, m = 0, 1, 2, \ldots$$

bzw. durch die Folge der Verteilungsdichtefunktionen

$$f_{Z\ldots Z\dot{Z}\ldots\dot{Z}}(z_1, \ldots, z_n, \bar{z}_1, \ldots, \bar{z}_m; t_1, \ldots, t_n, \bar{t}_1, \ldots, \bar{t}_m)\,, \qquad n, m = 0, 1, 2, \ldots\,, \tag{1}$$

die für die betrachteten Fälle existieren sollen (s. HEINRICH-HENNIG [1]), definiert. $n = 0$ bedeutet dabei, daß in den Argumenten der Verteilungsfunktionen z_i und t_i nicht auftreten; ebenso bringt $m = 0$ zum Ausdruck, daß in den Argumenten $\bar{z}_j$ und $\bar{t}_j$ wegzulassen sind. Als Überschreitenswahrscheinlichkeit $P_1(Z_0; 0, T)$ definieren wir die Wahrscheinlichkeit dafür, daß der stochastische Prozeß $Z(t)$ während des Zeitintervalls $[0, T)$ das Niveau Z_0 mindestens einmal überschreitet. $P_0(Z_0; 0, T) = 1 - P_1(Z_0; 0, T)$ ist dann die Wahrscheinlichkeit dafür, daß das Niveau Z_0 im Intervall $[0, T)$ von $Z(t)$ nicht überschritten wird, wobei fast sicher $Z(0) < Z_0$ sei.

3. Anzahl der Überschreitungen des Niveaus Z_0

Zur Bestimmung der Wahrscheinlichkeiten $P_0(Z_0; 0, T)$ bzw. $P_1(Z_0; 0, T)$ nutzt man den engen Zusammenhang dieser Größe mit der Zufallsgröße $N_Z(Z_0; 0, T)$ „Anzahl der Überschreitungen des Niveaus Z_0 durch den stochastischen Prozeß $Z(t)$ im Intervall $[0, T)$“ aus. Eine Realisierung $Z(t, \omega^*)$ des stochastischen Prozesses $Z(t)$ möge das Niveau Z_0 in den Punkten $t_1^{\omega^*}, t_2^{\omega^*}, \ldots$ überschreiten (s. Bild 1). Die Menge $\{t_1^{\omega^*}, t_2^{\omega^*}, \ldots\}$ dieser Punkte sehen wir als Realisierung eines stochastischen Punktprozesses S an (s. Kusnezow-Stratonowitsch [3], Stratonovich [5], Lin [4], Yang-Shinozuka [7]), der also dargestellt werden kann in der Form

$$S(\omega) = \{t_i^\omega \in [0, T), \omega \in \Omega, i = 1, 2, \ldots \mid Z(t_i^\omega, \omega) = 0 \wedge 0 < \dot{Z}(t_i^\omega, \omega) < \infty\} . \quad (2)$$

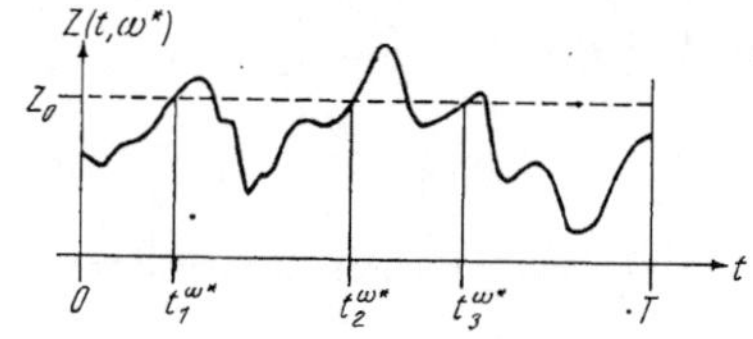

Bild 1. Realisierung des stochastischen Prozesses $Z(t)$

Dabei wird zugelassen, daß die Realisierungsmenge leer ist. Es wird vorausgesetzt, daß die Anzahl der Punkte $t_i^{\omega *}$ einer Realisierung ω^* in dem endlichen Intervall $[0, T)$ höchstens abzählbar ist und daß die $t_i^{\omega *}$ in $[0, T)$ nirgends dicht liegen. Für viele in praktischen Problemen auftretende, fast sicher differenzierbare stochastische Prozesse folgt nach einem Satz von Bulinskaja (s. Cramer-Leadbetter [10]), daß bei Erfüllung gewisser Voraussetzungen die Anzahl der Punkte $t_i^{\omega *}$ in $[0, T)$ mit Wahrscheinlichkeit 1 endlich ist. Die oben eingeführte Zufallsgröße $N_Z(Z_0; t', t'')$ gibt die Anzahl der verschiedenen Punkte des stochastischen Punktprozesses S in dem Intervall $[t', t'')$ an. Der Grundbereich von S ist das gesamte Intervall $[0, T)$.

4. Wahrscheinlichkeitsverteilungen

Mit $S(\omega^*)$ werde eine Realisierung des stochastischen Punktprozesses S bezeichnet. Es ist

$$p_k(\tau_1, \ldots, \tau_k) \, \Delta_1 \ldots \Delta_k + o(\Delta_1 \ldots \Delta_k) = P\{[\tau_1, \tau_1 + \Delta_1) \cap S \neq \emptyset, \ldots, [\tau_k, \tau_k + \Delta_k) \cap S \neq \emptyset\}$$

für $\Delta_1 \to 0, \ldots, \Delta_k \to 0$ die Wahrscheinlichkeit dafür, daß bei einer beliebig herausgegriffenen Realisierung $S(\omega^*)$ von S jeweils mindestens einer der Punkte in die Intervalle $[\tau_1, \tau_1 + \Delta_1), \ldots, [\tau_k, \tau_k + \Delta_k)$ fällt, wobei $\tau_l \in [0, T)$ $\tau_l \neq \tau_s$ für $l \neq s$; $l, s = 1, 2, \ldots, k$ gilt und die Δ_l so gewählt sind, daß sich die Intervalle $[\tau_l, \tau_l + \Delta_l)$ für $l = 1, 2, \ldots, k$ nicht überlappen.

Der stochastische Punktprozeß S ist im Intervall $[0, T)$ durch die Folge der Funktionen

$$p_1(\tau_1), p_2(\tau_1, \tau_2), \ldots, p_s(\tau_1, \ldots, \tau_s), \ldots, \tau_j \neq \tau_k \quad \text{für} \quad j \neq k , \qquad \tau_j \in [0, T) , \qquad j, k = 1, 2, \ldots \quad (3)$$

bestimmt (s. Kusnezow-Stratonowitsch [3]). Die Funktionen $p_s(\tau_1, \ldots, \tau_s)$ sind in allen Variablen bis auf zusammenfallende Argumente stetig und symmetrisch. Für zusammenfallende Argumente haben diese Funktionen Singularitäten. Dafür gilt

$$\tau_{l+1} = \tau_l, \qquad p_s(\tau_1, \ldots, \tau_l, \tau_{l+1}, \ldots, \tau_s) = \delta(\tau_{l+1} - \tau_l) \, p_{s-1}(\tau_1, \ldots, \tau_l, \tau_{l+2}, \ldots, \tau_s) ,$$

(s. Srinivasan [11], Friedrich-Hennig [9]). $\delta(\tau)$ bezeichnet die Diracsche Deltafunktion.

5. Zusammenhang mit der Anzahl der Niveauüberschreitungen

Wir bezeichnen mit $\mu_Z(Z_0; \tau)$ für jedes feste, aber beliebige $\tau \in [0, T)$ definierte diskrete Zufallsgrößen, die nur zwei Werte annehmen können. Die p-te Realisierung $\mu_Z(Z_0; \tau) \, (\omega^p)$ der Zufallsgröße $\mu_Z(Z_0; \tau)$ hat im Zeitpunkt τ den Wert 0, falls kein Punkt der p-ten Realisierung $S(\omega^p)$ des stochastischen Punktprozesses S in das Intervall $[\tau, \tau + \Delta)$ mit $\Delta \to 0$ fällt, und hat den Wert $1/\Delta$, falls mindestens ein Punkt der p-ten Realisierung $S(\omega^p)$ von S in das Intervall $[\tau, \tau + \Delta)$ mit $\Delta \to 0$ fällt. Die häufig auch als Eintreffrate im Punkte τ bezeichnete Zufallsgröße $\mu_Z(Z_0; \tau)$ nimmt ihre möglichen Werte mit folgenden Wahrscheinlichkeiten an:

$$\mu_Z(Z_0; \tau) = \begin{cases} \dfrac{1}{\Delta} & P\{[\tau, \tau + \Delta) \cap S \neq \emptyset\} = p_1(\tau)\Delta + o(\Delta) , \\ & \text{mit} \\ 0 & P\{[\tau, \tau + \Delta) \cap S = \emptyset\} = 1 - p_1(\tau) \, \Delta + o(\Delta) . \end{cases} \quad (4)$$

Die p-te Realisierung der Zufallsgröße $N_Z(Z_0; 0, T)$, d. h. die Anzahl $N_Z(Z_0; 0, T) \, (\omega^p)$ der sich nicht überlappenden Intervalle in $[0, T)$, in die jeweils wenigstens ein Punkt der p-ten Realisierung $S(\omega^p)$ von S fällt, erhält man bei $\Delta_l \to 0, l = 1, 2, \ldots$ durch

$$N_Z(Z_0; 0, T) \, (\omega^p) = \int_0^T \mu_Z(Z_0; \tau) \, (\omega^p) \, d\tau . \quad (5)$$

Mit (4) ergibt sich für die Momente der Zufallsgröße $\mu_Z(Z_0; \tau)$

$$E[\mu_Z(Z_0; \tau)] = \frac{1}{\Delta} (p_1(\tau) \, \Delta + o(\Delta)) \quad \text{für} \quad \Delta \to 0 ,$$

also

$$E[\mu_Z(Z_0; \tau)] = p_1(\tau) . \quad (6)$$

Im allgemeinen Fall folgt auf ähnliche Weise

$$E[\mu_Z(Z_0;\tau_1)\dots\mu_Z(Z_0;\tau_k)] = p_k(\tau_1,\dots,\tau_k)\,, \qquad k = 1, 2, \dots\,. \tag{7}$$

$N_Z(Z_0; 0, T)$ ist eine diskrete Zufallsgröße, die die Werte $0, 1, \dots$ mit den Wahrscheinlichkeiten $P\{N_Z(Z_0; 0, T) = 0\}$, $P\{N_Z(Z_0; 0, T) = 1\}, \dots$ annimmt. Von praktischer Wichtigkeit sind die Momente dieser Zufallsgrößen, insbesondere der Erwartungswert $E[N_Z(Z_0; 0, T)]$, der die mittlere Anzahl der Niveauüberschreitungen des stochastischen Prozesses $Z(t)$ angibt, und der quadratische Mittelwert $E[N_Z(Z_0; 0, T)^2]$ bzw. die Varianz $E[\{N_Z(Z_0; 0, T) - E[N_Z(Z_0; 0, T)]\}^2]$ der Anzahl der Niveauüberschreitungen des stochastischen Prozesses $Z(t)$. Für diese Größen erhält man bei für den Tausch Erwartungswertbildung — Integration erfüllten Bedingungen

$$E[N_Z(Z_0; 0, T)] = \int_0^T p_1(\tau)\,d\tau\,, \tag{8}$$

$$E[N_Z(Z_0; 0, T)^2] = 2 \int_{\tau_1=0}^{T} \int_{\tau_2>\tau_1}^{T} p_2(\tau_1,\tau_2)\,d\tau_1\,d\tau_2 + \int_0^T p_1(\tau_1)\,d\tau_1\,.$$

Im allgemeinen Fall ergibt sich zur Berechnung des k-ten Momentes der Zufallsgröße $N_Z(Z_0; 0, T)$

$$E[N_Z(Z_0; 0, T)^k] = \sum_{l=1}^{k} a_{kl} \int (l) \int_{0\leqq\tau_1<\dots<\tau_l\leqq T} p_l(\tau_1,\dots,\tau_l)\,d\tau_1\dots d\tau_l\,,$$

mit (9)

$$a_{kl} = \sum_{j=1}^{l} (-1)^{j+l} j^k \binom{l}{j}, \qquad k \geqq l$$

(s. FRIEDRICH-HENNIG [9]). Für die ersten a_{kl} findet man z. B.

$a_{11} = 1$
$a_{21} = 1 \quad a_{22} = 2$
$a_{31} = 1 \quad a_{32} = 6 \quad a_{33} = 6$
$a_{41} = 1 \quad a_{42} = 14 \quad a_{43} = 36 \quad a_{44} = 24$
$a_{51} = 1 \quad a_{52} = 30 \quad a_{53} = 150 \quad a_{54} = 240 \quad a_{55} = 120$
$a_{61} = 1 \quad a_{62} = 62 \quad a_{63} = 540 \quad a_{64} = 1560 \quad a_{65} = 1800 \quad a_{66} = 720\,.$

6. Überschreitenswahrscheinlichkeit

Als Überschreitenswahrscheinlichkeit $P_1(Z_0; 0, T)$ sehen wir die Wahrscheinlichkeit dafür an, daß bei einer beliebig herausgegriffenen Realisierung $S(\omega^*)$ von S mindestens ein Punkt in ein infinitesimales Intervall $[\tau, \tau + \Delta)$, $\tau \in [0, T)$ fällt, d. h. daß die Anzahl $N_Z(Z_0; 0, T)\,(\omega^*)$ der sich nicht überlappenden Intervalle in $[0, T)$, in die jeweils wenigstens ein Punkt der Realisierung $S(\omega^*)$ von S fällt, mindestens gleich Eins ist. Wir führen eine hinreichende Zerlegung des Intervalles $[0, T)$ in n sich nichtüberlappende, aber $[0, T)$ ausfüllende Unterintervalle $[\tau_i, \tau_i + \Delta_i)$, $i = 1, \dots, n$ durch. Dann bedeutet obige Interpretation

$$P_1(Z_0; 0, T) = P\{N_Z(Z_0; 0, T) = 1 \cup N_Z(Z_0; 0, T) = 2 \cup \dots \cup N_Z(Z_0; 0, T) = n\} = \sum_{j=1}^{n} P\{N_Z(Z_0; 0, T) = j\}\,, \tag{10}$$

da sich die zufälligen Ereignisse $N_Z(Z_0; 0, T) = j$, $j = 1, 2, \dots, n$ gegenseitig ausschließen. Zur Bestimmung der Wahrscheinlichkeiten $P\{N_Z(Z_0; 0, T) = j\}$ erhalten wir (s. FRIEDRICH-HENNIG [9])

$$P\{N_Z(Z_0; 0, T) = j\} = \sum_{k=j}^{n} (-1)^{k+j} \binom{k}{j} \sum_{i_1=1}^{n-k+1} \dots \sum_{i_k=i_{k-1}+1}^{n} p_k(\tau_{i_1},\dots,\tau_{i_k})\,\Delta_{i_1}\dots\Delta_{i_k}\,[1 + o(\Delta_{i_1}\dots\Delta_{i_k})]\,.$$

Wird die Intervallunterteilung immer weiter verfeinert und schließlich der Grenzübergang $n \to \infty$ und $\Delta_{i_1} \to 0, \dots, \Delta_{i_n} \to 0$ ausgeführt, so ergibt sich

$$P\{N_Z(Z_0; 0, T) = j\} = \sum_{k=j}^{\infty} (-1)^{k+j} \binom{k}{j} \int (k) \int_{0\leqq\tau_1<\dots<\tau_k\leqq T} p_k(\tau_1,\dots,\tau_k)\,d\tau_1\dots d\tau_k\,.$$

Bilden wir die Summe über diese Wahrscheinlichkeiten für alle $j \geqq 1$, erhält man

$$P_1(Z_0; 0, T) = \sum_{j=1}^{\infty} P\{N_Z(Z_0, 0, T) = j\} = \sum_{k=1}^{\infty} (-1)^{k+1} \int (k) \int_{0\leqq\tau_1<\dots<\tau_k\leqq T} p_k(\tau_1,\dots,\tau_k)\,d\tau_1\dots d\tau_k\,. \tag{11}$$

Bei den Operationen mit unendlichen Reihen wird die absolute Konvergenz dieser Reihen vorausgesetzt.

In Arbeiten von LIN [4] und YANG-SHINOZUKA [8] ist zur Bestimmung der Überschreitenswahrscheinlichkeit die Formel

$$P_1^*(Z_0; 0, T) = \sum_{k=1}^{\infty} \frac{(-1)^{k+1}}{k!} \int_0^T (k) \int p_k(\tau_1,\dots,\tau_k)\,d\tau_1\dots d\tau_k \tag{12}$$

angegeben. Während bei nichtzusammenfallenden Argumenten für $p_k(\tau_1,\dots,\tau_k)$ die gleiche Interpretation wie hier benutzt wird, ist bei zusammenfallenden Argumenten für $p_k(\tau_1,\dots,\tau_k)$ Null angenommen. Ausgehend von der in vorliegender Arbeit gegebenen Interpretation ergibt die Darstellung (12) gegenüber (11) zu geringe Überschreitenswahrscheinlichkeiten, da die bei zusammenfallenden Argumenten auftretenden „Delta-Anteile" des Integranden unberücksichtigt bleiben. Formel (12) muß um den Term

$$\sum_{k=1}^{\infty} \mathrm{e}^{-k} P\{N_Z(Z_0; 0, T) = k\}$$

ergänzt werden, um mit (11) übereinzustimmen.

7. Symmetrische Gestalt der Berechnungsformel für die Überschreitenswahrscheinlichkeit

In der Berechnungsformel (11) für die Überschreitenswahrscheinlichkeit $P_1(Z_0; 0, T)$ treten bestimmte Integrale über halboffene Gebiete auf, die nicht ohne weiteres auf die entsprechenden Gebietsränder erweitert werden können, da der Integrand $p_k(\tau_1, \ldots, \tau_k)$ dort singulär ist. Die für numerische Berechnungen erforderliche Hinzunahme der Gebietsränder zum Integrationsgebiet ist möglich, wenn in Erweiterung obiger Darstellung der Integrand so auf die Gebietsränder fortgesetzt wird, daß er dort beschränkt bleibt. Wir führen dazu Funktionen $q_k(\tau_1, \ldots, \tau_k)$ so ein, daß gilt:

$$q_k(\tau_1, \ldots, \tau_k) = \begin{cases} p_k(\tau_1, \ldots, \tau_k) & \text{für nichtzusammenfallende Argumente}, \\ \prod_{i=1}^{k} p_1(\tau_i) & \text{für zusammenfallende Argumente}. \end{cases} \tag{13}$$

Damit kann für (11) geschrieben werden

$$P_1(Z_0; 0, T) = \sum_{k=1}^{\infty} (-1)^{k+1} \int (k) \int_{0 \leqq \tau_1 < \ldots < \tau_k \leqq T} q_k(\tau_1, \ldots, \tau_k)\, d\tau_1 \ldots d\tau_k =$$

$$= \sum_{k=1}^{\infty} \frac{(-1)^{k+1}}{k!} \int_0^T (k) \int q_k(\tau_1, \ldots, \tau_k)\, d\tau_1 \ldots d\tau_k. \tag{14}$$

8. Exponentialdarstellung der Nichtüberschreitenswahrscheinlichkeit

Ausgehend von der Form (14) wird eine Darstellung der Art

$$P_0(Z_0; 0, T) = 1 - P_1(Z_0; 0, T) =$$

$$= \exp\left\{- \int_0^T g_1(\tau_1)\, d\tau_1 + \frac{1}{2!} \int_0^T\!\!\int g_2(\tau_1, \tau_2)\, d\tau_1\, d\tau_2 - \frac{1}{3!} \int_0^T\!\!\int\!\!\int g_3(\tau_1, \tau_2, \tau_3)\, d\tau_1\, d\tau_2\, d\tau_3 + - \ldots\right\} \tag{15}$$

gesucht. Wir schreiben für die rechte Seite von (15)

$$\exp\{\ldots\} = \sum_{i=0}^{\infty} \frac{\{\ldots\}^i}{i!}$$

und führen einen Vergleich der Glieder dieser Reihe mit der Darstellung (14) durch; das ergibt für die unbestimmten Funktionen $g_j(\tau_1, \ldots, \tau_j)$:

$$\begin{aligned} g_1(\tau_1) &= q_1(\tau_1), \\ g_2(\tau_1, \tau_2) &= q_2(\tau_1, \tau_2) - q_1(\tau_1)\, q_1(\tau_2), \\ g_3(\tau_1, \tau_2, \tau_3) &= q_3(\tau_1, \tau_2, \tau_3) - 3 q_1(\tau_1)\, q_2(\tau_2, \tau_3) + 2 q_1(\tau_1)\, q_1(\tau_2)\, q_1(\tau_3), \\ g_4(\tau_1, \tau_2, \tau_3, \tau_4) &= q_4(\tau_1, \tau_2, \tau_3, \tau_4) - 3 q_2(\tau_1, \tau_2)\, q_2(\tau_3, \tau_4) + \\ &\quad + 12 q_1(\tau_1)\, q_1(\tau_2)\, q_2(\tau_3, \tau_4) - 4 q_1(\tau_1)\, q_3(\tau_2, \tau_3, \tau_4) - 6 q_1(\tau_1)\, q_1(\tau_2)\, q_1(\tau_3)\, q_1(\tau_4). \end{aligned} \tag{16}$$

9. Zusammenhang zwischen Verteilungsfunktionen des stochastischen Punktprozesses und statistischen Parametern des stochastischen Prozesses

Um die mit Hilfe der stochastischen Punktprozesse hergeleiteten Formeln anwenden zu können, ist es notwendig, Beziehungen zwischen den Verteilungsfunktionen $p_s(\tau_1, \ldots, \tau_s)$ und den statistischen Parametern des stochastischen Prozesses $Z(t)$ (Verteilungsdichtefunktionen, Momente usw.) herzustellen. Die im 5. Abschnitt eingeführten, in allen Punkten τ von $[0, T)$ erklärten diskreten Zufallsgrößen $\mu_Z(Z_0; \tau)$ werden auf das Problem der Überschreitung (von unten nach oben) des Niveaus Z_0 durch den stochastischen Prozeß $Z(t)$ bezogen. Wenn $Z(t, \omega^*) = z(t)$ eine bestimmte Realisierung von $Z(t)$ bezeichnet, setzen wir

$$\mu_Z(Z_0; \tau)\,(\omega^*) \cdot \Delta = \begin{cases} 1, & \text{falls im Intervall } [\tau, \tau + \Delta) \text{ mindestens eine Überschreitung des Niveaus } Z_0 \\ & \text{von unten nach oben durch } Z(t) \text{ stattfindet}, \\ 0, & \text{falls keine Überschreitung stattfindet.} \end{cases}$$

Weiterhin wird mit Hilfe der Heavisideschen Sprungfunktion und der Diracschen Deltafunktion die Funktion $A_Z(Z_0;t)$ definiert (s. Heinrich-Hennig [1]):

$$A_Z(Z_0;t) = \mathbf{1}(z(t) - Z_0) = \begin{cases} 1 & z(t) > Z_0 \\ & \text{für} \\ 0 & z(t) \leqq Z_0\,, \end{cases} \tag{17}$$

$$\dot{A}_Z(Z_0;t) = \frac{\mathrm{d}A_Z(Z_0;t)}{\mathrm{d}t} = \dot{z}(t)\cdot\delta(z(t) - Z_0)\,.$$

Bild 2 zeigt eine Realisierung $z(t)$ des stochastischen Prozesses $Z(t)$ und die eingeführten Funktionen $A_Z(Z_0;t)$ und $\dot{A}_Z(Z_0;t)$, wobei letztere eine Folge von Einheitsimpulsen mit alternierenden Vorzeichen ist. Der Einheitsimpuls ist positiv, wenn die Realisierung $z(t)$ das Niveau Z_0 von unten nach oben überschreitet ($\dot{z}(t) < 0$). Für den Zuwachs $\mathrm{d}A_Z(Z_0;t)$ kann im Intervall $[t, t + \mathrm{d}t)$ geschrieben werden

$$\mathrm{d}A_Z(Z_0;t) = \dot{z}(t)\,\delta(z(t) - Z_0)\cdot\mathrm{d}t = \begin{cases} 1 & z(t) = Z_0 \wedge \dot{z}(t) > 0 \\ & \text{für} \\ -1 & z(t) = Z_0 \wedge \dot{z}(t) < 0\,. \end{cases}$$

Das bedeutet, daß der positive Teil von $\dot{A}_Z(Z_0;t)$ geeignet ist zum Zählen der kleinen Intervalle, in denen mindestens eine Überschreitung des Niveaus Z_0 durch $z(t)$ stattfindet.

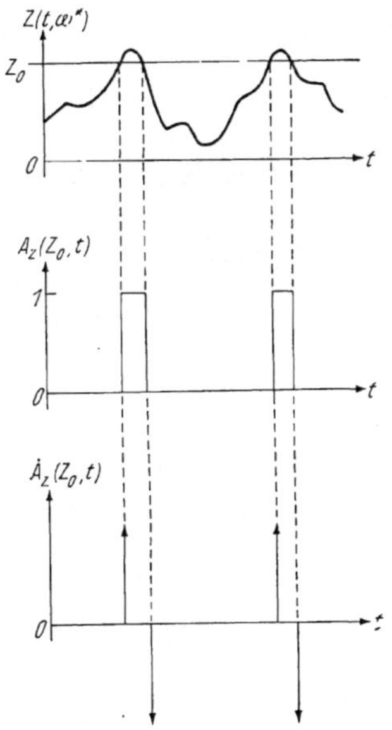

Bild 2. Realisierung des stochastischen Prozesses $Z(t)$ und eingeführte Funktionen $A_Z(Z_0;t)$ und $\dot{A}_Z(Z_0;t)$

Sind die Verteilungsdichtefunktionen des stochastischen Prozesses $Z(t)$ und seiner Ableitung $\dot{Z}(t)$ bekannt, so lassen sich die Momente von

$$\mu_Z(Z_0;t) = \dot{Z}(t)\,\delta(Z(t) - Z_0)\cdot\mathbf{1}(\dot{Z}(t)) \tag{18}$$

und damit die Verteilungsfunktionen p_k bestimmen. Mit den Abkürzungen $z(t_i) = z_i$, $\dot{z}(t_i) = \dot{z}_i$ folgt:

$$\begin{aligned} p_1(t_1) &= E[\mu_Z(Z_0;t_1)(\omega)] = \\ &= \int\!\!\int_{-\infty}^{\infty} \dot{z}_1\delta(z_1 - Z_0)\,\mathbf{1}(\dot{z}_1)\,f_{Z\dot{Z}}(z_1,\dot{z}_1;t_1,t_1)\,\mathrm{d}z_1\,\mathrm{d}\dot{z}_1 = \int_{-\infty}^{\infty}\int_0^{\infty} \dot{z}_1\delta(z_1 - Z_0)\,f_{Z\dot{Z}}(z_1,\dot{z}_1;t_1,t_1)\,\mathrm{d}z_1\,\mathrm{d}\dot{z}_1 = \\ &= \int_0^{\infty} \dot{z}_1 f_{Z\dot{Z}}(Z_0,\dot{z}_1;t_1,t_1)\,\mathrm{d}\dot{z}_1; \end{aligned} \tag{19}$$

$$\begin{aligned} p_2(t_1,t_2) &= E[\mu_Z(Z_0;t_1)(\omega)\cdot\mu_Z(Z_0;t_2)(\omega)] = \\ &= \int\!\!\int\!\!\int\!\!\int_{-\infty}^{\infty} \dot{z}_1\dot{z}_2\delta(z_1 - Z_0)\,\delta(z_2 - z_0)\,\mathbf{1}(\dot{z}_1)\,\mathbf{1}(\dot{z}_2)\,f_{ZZ\dot{Z}\dot{Z}}(z_1,z_2,\dot{z}_1,\dot{z}_2;t_1,t_2,t_1,t_2)\,\mathrm{d}z_1\,\mathrm{d}z_2\,\mathrm{d}\dot{z}_1\,\mathrm{d}\dot{z}_2 = \\ &= \int\!\!\int_0^{\infty} \dot{z}_1\dot{z}_2 f_{ZZ\dot{Z}\dot{Z}}(Z_0,Z_0,\dot{z}_1,\dot{z}_2;t_1,t_2,t_1,t_2)\,\mathrm{d}\dot{z}_1\,\mathrm{d}\dot{z}_2 \quad \text{für} \quad t_1 \neq t_2; \end{aligned}$$

$$\begin{aligned} p_s(t_1,\dots,t_s) &= E[\mu_Z(Z_0;t_1)(\omega)\dots\mu_Z(Z_0;t_s)(\omega)] = \\ &= \int_0^{\infty}(s)\int \dot{z}_1\dots\dot{z}_s f_{Z\dots Z\dot{Z}\dots\dot{Z}}(Z_0,\dots,Z_0,\dot{z}_1,\dots,\dot{z}_s;t_1,\dots,t_s,t_1,\dots,t_s)\,\mathrm{d}\dot{z}_1\dots\mathrm{d}\dot{z}_s \end{aligned}$$

für nichtzusammenfallende Argumente.

10. Spezialfälle

a) Für die erste Näherung folgt aus (15)

$$P_{0_1}(Z_0;0,T)=\exp\left\{-\int_0^T q_1(\tau_1)\,d\tau_1\right\}=\exp\left\{-\int_0^T p_1(\tau_1)\,d\tau_1\right\}. \tag{20}$$

b) Als zweite Näherung ergibt sich aus (15)

$$P_{0_2}(Z_0;0,T)=\exp\left\{-\int_0^T q_1(\tau_1)\,d\tau_1+\frac{1}{2!}\int_0^T\!\!\int [q_2(\tau_1,\tau_2)-q_1(\tau_1)\,q_1(\tau_2)]\,d\tau_1\,d\tau_2\right\}=$$

$$=\exp\left\{-\int_0^T q_1(\tau_1)\,d\tau_1-\frac{1}{2}\left[\int_0^T q_1(\tau_1)\,d\tau_1\right]^2+\frac{1}{2}\int_0^T\!\!\int q_2(\tau_1,\tau_2)\,d\tau_1\,d\tau_2\right\}= \tag{21}$$

$$=\exp\left\{-\int_0^T p_1(\tau_1)\,d\tau_1-\frac{1}{2}\left[\int_0^T p_1(\tau_1)\,d\tau_1\right]^2+\int\int_{0\leqq\tau_1<\tau_2\leqq T} p_2(\tau_1,\tau_2)\,d\tau_1\,d\tau_2\right\}.$$

c) Ist der stochastische Prozeß $Z(t)$ stationär, folgt für die ersten beiden Näherungen

$$P_{0_1}(Z_0;0,T)=\exp\{-T\cdot p_1\},$$

$$P_{0_2}(Z_0;0,T)=\exp\left\{-T\cdot p_1-\tfrac{1}{2}(T\cdot p_1)^2+\int_{\tau>0}^T (T-\tau)\,p_2(\tau)\,d\tau\right\}. \tag{22}$$

d) Wird speziell vorausgesetzt, daß der stochastische Prozeß $Z(t)$ stationär und normalverteilt ist, ergibt sich

$$p_1(\tau_1)=p_1=\frac{1}{2\pi}\frac{\sigma_{\dot Z}}{\sigma_Z}\exp\left\{-\frac{1}{2}\left(\frac{Z_0-m_Z}{Z}\right)^2\right\},$$

und mit

$$\boldsymbol{Z}_0=(Z_0,\dot z_1,Z_0,\dot z_2)^T,\qquad \boldsymbol{m}=(m_Z,m_{\dot Z},m_Z,m_{\dot Z})^T,$$

$$\boldsymbol{S}(\tau)=\begin{pmatrix}\sigma_Z^2 & 0 & R_{ZZ}(\tau) & R_{Z\dot Z}(\tau)\\ 0 & \sigma_{\dot Z}^2 & -R_{Z\dot Z}(\tau) & R_{\dot Z\dot Z}(\tau)\\ R_{ZZ}(\tau) & -R_{Z\dot Z}(\tau) & \sigma_Z^2 & 0\\ R_{Z\dot Z}(\tau) & R_{\dot Z\dot Z}(\tau) & 0 & \sigma_{\dot Z}^2\end{pmatrix}$$

folgt

$$p_2(\tau_1,\tau_1+\tau)=p_2(\tau) \tag{23}$$

$$=\frac{1}{(2\pi)^2\,[\det(\boldsymbol{S}(\tau))]^{1/2}}\int_0^\infty\!\!\int \dot z_1\dot z_2\exp\left\{-\frac{1}{2}(\boldsymbol{Z}_0-\boldsymbol{m})^T\boldsymbol{S}(\tau)^{-1}(\boldsymbol{Z}_0-\boldsymbol{m})\right\}d\dot z_1\,d\dot z_2\quad\text{für}\quad\tau\neq 0,$$

wobei gilt

$$m_Z=E[Z(\tau_1)],\qquad m_{\dot Z}=E[\dot Z(\tau_1)]=0,$$

$$E[(Z(\tau_1)-m_Z)(Z(\tau_1+\tau)-m_Z)]=R_{ZZ}(\tau),$$

$$E[(Z(\tau_1)-m_Z)\cdot\dot Z(\tau_1+\tau)]=R_{Z\dot Z}(\tau),$$

$$E[\dot Z(\tau_1)\cdot\dot Z(\tau_1+\tau)]=R_{\dot Z\dot Z}(\tau),$$

$$R_{\dot ZZ}(\tau)=-R_{Z\dot Z}(\tau),\qquad R_{ZZ}(0)=\sigma_Z^2,\qquad R_{\dot Z\dot Z}(0)=\sigma_{\dot Z}^2,\qquad R_{Z\dot Z}(0)=0.$$

e) Ist das Niveau Z_0 hinreichend hoch und sind die Überschreitungen des Niveaus Z_0 durch den stochastischen Prozeß $Z(t)$ selten, so können die Überschreitungen näherungsweise als unabhängig voneinander angesehen werden. Dann gilt

$$p_k(\tau_1,\dots,\tau_k)=p_1(\tau_1)\cdot\ldots\cdot p_1(\tau_k)\quad\text{bei nichtzusammenfallenden Argumenten} \tag{24}$$

bzw.

$$q_k(\tau_1,\dots,\tau_k)=\prod_{i=1}^k q_1(\tau_i).$$

Damit folgt aus (16) und (15)

$$g_1(\tau_1)=p_1(\tau_1);\qquad g_2(\tau_1,\tau_2)\equiv 0;\qquad g_3(\tau_1,\tau_2,\tau_3)\equiv 0;\ \dots$$

und

$$P_0(Z_0; 0, T) = \exp\left\{-\int_0^T p_1(\tau_1)\, \mathrm{d}\tau_1\right\}. \tag{25}$$

Ist der stochastische Prozeß $Z(t)$ zusätzlich stationär, ergibt sich

$$P_0(Z_0; 0, T) = \exp\{-T \cdot p_1\}. \tag{26}$$

Die numerische Aufbereitung der erzielten Ergebnisse und die Auswertung von Beispielen erfolgt in einem zweiten Teil dieser Arbeit.

Literatur

1 HEINRICH, W., HENNIG, K., Zufallsschwingungen mechanischer Systeme, Akademie-Verlag 1977, Berlin.
2 BLAKE, J. F., LINDSEY, W. C., Level-Crossing Problems for Random Processes, IEEE Transactions on Information Theory, **IT-19**, 3, 295–315 (1973).
3 Кузнецов, П. П., Стратонович, Р. И., К математической теории коррелированных случайных точек, Известия академии наук СССР, Серия математическая, **20**, 167—178 (1956).
4 LIN, Y. K., First-Excursion Failure of Randomly Excited Structures, AIAA Journal, 8, 720–725 (1970).
5 STRATONOVICH, R. I., Topics in the Theory of Random Noise, Volume 1, Gordon and Breach 1963 New York.
6 YANG, I.-N., First-Excursion Probability in Non-Stationary Random Vibration, Journal of Sound and Vibration, 27, 165–182 (1973).
7 YANG, I.-N., SHINOZUKA, M., On the First-Excursion Probability in Stationary Narrow-Band Random Vibration, Journal of Applied Mechanics, 38, 1017–1022 (1971).
8 YANG, I.-N., SHINOZUKA, M., On the First-Excursion Probability in Stationary Narrow-Band Random Vibration II, Journal of Applied Mechanics, 39, 733–738 (1972).
9 FRIEDRICH, H., HENNIG, K., Zur Berechnung von Überschreitenswahrscheinlichkeiten stochastisch beanspruchter mechanischer Systeme, Preprint des ZIMM der AdW der DDR, Berlin 1979.
10 CRAMER, H., LEADBETTER, M. R., Stationary and Related Processes, Wiley 1967, New York.
11 SRINIVASAN, S. K., MEHATA, K. M., Stochastic Processes, Tata McGraw-Hill Publ. 1976 New Delhi.

Eingereicht am 9. 7. 1979, in revidierter Fassung am 16. 10. 1979

Anschrift: Dr. HERMANN FRIEDRICH, Prof. Dr. KLAUS HENNIG, Zentralinstitut für Mathematik und Mechanik der Akademie der Wissenschaften der DDR, 108 Berlin, Mohrenstraße 39, DDR

ZAMM 60, 185 – 193 (1980)

E. Fehlberg

Some New RKT-Formulas for First-Order Differential Equations Requiring a Minimum Number of Differentiations

For first-order differential equations, new RKT (Runge-Kutta-Transformation)-formulas with stepsize control are derived. Formulas of the 9th, 11th, and 13 th order are presented requiring a minimum number of differentiations of the differential equations. Their coefficients are tabulated in fraction form. The application of the formulas to quadrature problems is discussed in an appendix.

Für Differentialgleichungen erster Ordnung werden neue RKT (Runge-Kutta-Transformations)-Formeln mit Schrittweiten-Kontrolle hergeleitet. Formeln 9ter, 11ter und 13ter Ordnung werden mitgeteilt, die eine kleinstmögliche Anzahl von Differentiationen der Differentialgleichungen erfordern. Die Koeffizienten der Formeln sind in Bruchform tabelliert. In einem Anhang wird die Anwendung der Formeln auf Quadratur-Probleme behandelt.

Выводятся новые отображающие формулы типа Рунге-Кутта с проверкой величины шага для дифференциальных уравнений первого порядка, Сообщаются формулы 9ого, 11ого и 13ого порядка, требовающих минимальное число дифференцирований дифференциальных уравнений. Коэффициенты формул табулированно в виде дроби. В добавлении излагается применение формул на проблемы квадратур.

Section I: Introduction

In two earlier papers [1], [2], the author derived RKT (Runge-Kutta-Transformation)-formulas for first- and second-order differential equations. By an m-fold pre-differentiation of the differential equations and a simple transformation of the variables, formulas of $(m + 4)$-th order accuracy were obtained together with $(m + 5)$-th for the stepsize control.

Such formulas are applicable to problems for which the total derivatives of the differential equations can easily be obtained, e.g. by recurrence formulas. Examples for the use of recurrence formulas for the total derivatives are presented in [1] and [3]. However, the computation of the higher-order derivatives is, at best, a time-consuming procedure. If no recurrence formulas or other simple devices for the computation of these derivatives can be found, it might be practically impossible to compute the higher-order derivatives, since, in general, their computation becomes more and more cumbersome with increasing order.

For such cases, there might be an interest in RKT-formulas that obtain the same accuracy as our earlier formulas, using fewer derivatives of the differential equations. In the following, we shall present RKT-formulas of the 13(14)-th order, of the 11(12)-order, and of the 9(10)-th order, requiring only $m = 5$, 4, or 3 differentiations per step. Since for these accuracies our earlier formulas would require 9, 7, or 5 differentiations, the formulas to be presented here will save 4, 3, or 2 differentiations per step.

The new formulas of this paper require more evaluations (per step) of the differential equations than our previous formulas. However, the evaluations of the differential equations can easily be performed on a computer in a loop, whereas differentiations of the differential equations — in the absence of recurrence formulas — are harder to execute and require, in general, additional programming for each additional derivative.

The RKT-formulas of this paper yield higher-order accuracy than classical Runge-Kutta formulas with stepsize control. The Runge-Kutta formulas in [5] and the formulas of J. H. Verner [8] are of only eighth or lower order. More recently, an interesting tenth-order Runge-Kutta formula, based on a quadrature formula of Lobatto, was published by E. Hairer [10]. However, his formula does not provide an error estimate for stepsize control. Applying Richardson's error estimate procedure to Hairer's formula, that means recomputing each integration step with half the stepsize, would require the rather large number of 33 evaluations of the differential equations per step. Therefore, Hairer's formula seems to be more of theoretical importance and its applicability limited mostly to problems that can be integrated without stepsize control. The same holds for a similar tenth-order formula published earlier by A. R. Curtis [11]. His formula would require 35 evaluations per step when applied with Richardson's error estimate procedure.

Section II: RKT13(14)-Formula with $m = 5$

The equations of condition for RKT-formulas for first-order differential equations are listed in a paper by D. G. Bettis and M. K. Horn [4] to which the reader is referred.

Let $m + i$ be the order of a term in the Taylor series for the solution of our differential equations. For a 14-th order formula, we have $m + i = 14$ or with $m = 5$: $i = 9$. Later in this Section, it will be shown that for a 14-th order formula m can not be smaller than 5. In [4] the equations of condition for RKT-formulas are listed for $i = 2, 3, \ldots, 10$.

For $i \leqq 9$, there are 255 equations of condition which have to be satisfied for the 14-th order formula. Moreover, 127 additional equations must be satisfied for the 13-th order formula ($i \leqq 8$).

Let our system of differential equations read:

$$\bar{x}^{\cdot} = \bar{f}(t, \bar{x}) \qquad \left(^{\cdot} = \frac{d}{dt}\right) \tag{1}$$

and let the initial values be: $t = t_0$, $\bar{x} = \bar{x}_0$. We introduce new dependent variables x by the transformation:

$$x = \bar{x} - \sum_{i=1}^{m+1} \bar{X}_i (t - t_0)^i \tag{2}$$

where $\bar{X}_i$ stands for the TAYLOR coefficients of $\bar{x}(t)$ at $t = t_0$. Introducing (2) into (1) leads to the transformed system of differential equations:

$$\mathring{x} = \bar{f} - \sum_{i=1}^{m+1} i\bar{X}_i (t - t_0)^{i-1} = f \tag{3}$$

with unchanged initial condition: $t = t_0$, $x = \bar{x}_0$. Since the TAYLOR coefficients $X_1, X_2, X_3, \ldots, X_{m+1}$ of $x(t)$ are all zero for $t = t_0$, the number of equations of condition for RKT-formulas is greatly reduced compared with their number for standard RUNGE-KUTTA-formulas. We therefore will derive RKT-formulas for (3) instead of RK-formulas for (1).

Our RKT13(14)-formula is based on 14 evaluations of (3) for the 13-th order formula and two additional evaluations for the 14-th order formula. We write for the RKT-evaluations (h is the stepsize):

$$f_i = f(t_0 + \alpha_i \cdot h, x_0 + h \cdot \sum_{j=1}^{i-1} \beta_{ij} f_j) \qquad (i = 1, 2, 3, \ldots, 16) \tag{4}$$

and for the RKT-formulas:

$$x = x_0 + h \cdot \sum_{i=1}^{14} c_i f_i + O(h^{14}), \qquad \hat{x} = x_0 + h \cdot \sum_{i=1}^{16} \hat{c}_i f_i + O(h^{15}). \tag{5}$$

The first formula (5) represents our 13-th order formula, the second one the 14-th order formula for the stepsize control.

As to the programming of our formulas for integrating (3) and (1), we refer to the flow chart in [1]. The flow chart has to be changed only slightly, because we are faced with more evaluations per step than in [1].

We now have to find the coefficients α_i, β_{ij}, c_i and $\hat{c}_i$ in such a way, that the two formulas (5) represent indeed a 13-th order and a 14-th order RKT-formula. That means, we have to solve the $127 + 255 = 382$ equations of conditions listed in [4] for a RKT13(14)-formula. However, by suitable assumptions, this large number of equations can be reduced drastically.

We proceed in a very similar way as in our earlier papers [5], [6] and make the following assumptions:

$$\begin{aligned}
&\alpha_{14} = \alpha_{16} = 1, \qquad \alpha_{15} = 0;\\
&c_i = \hat{c}_i = 0 \quad (i = 1, 2, \ldots, 6), \qquad c_i = \hat{c}_i \quad (i = 7, 8, \ldots, 13), \qquad \hat{c}_{14} = 0, \qquad \hat{c}_{15} = \hat{c}_{16} = c_{14};\\
&\beta_{i1} = 0 \quad (i = 3, 4, \ldots, 16), \qquad \beta_{i2} = 0 \quad (i = 5, 6, \ldots, 16),\\
&\beta_{i3} = 0 \quad (i = 7, 8, \ldots, 16), \qquad \beta_{i4} = 0 \quad (i = 7, 8, \ldots, 16).
\end{aligned} \tag{6}$$

In (6) the assumptions concerning the α_i-coefficients and the coefficients c_i and $\hat{c}_i$ facilitate the simultaneous solution of the two systems of equations for the 13-th order and the 14-th order RKT-formulas; the assumptions concerning the coefficients β_{ij} are essential for the reduction of the original equations of condition.

Because of the relations (6) between c_i and $\hat{c}_i$, the leading local truncation error term for the 13-th order formula reduces to:

$$TE = c_{14}(f_{14} - f_{15} - f_{16}) \cdot h. \tag{7}$$

Expression (7) is used for the stepsize control of our 13th order formula.

Moreover, we introduce the following assumptions (A), (B), (C) which are well-known for greatly reducing the number of equations of condition:

$$\begin{aligned}
&(A1, i): \quad \sum_{j=1}^{i-1} \beta_{ij}\alpha_j^{m+1} = \frac{1}{m+2} \cdot \alpha_i^{m+2} \qquad (i = 2, 3, \ldots, 16),\\
&(A2, i): \quad \sum_{j=1}^{i-1} \beta_{ij}\alpha_j^{m+2} = \frac{1}{m+3} \cdot \alpha_i^{m+3} \qquad (i = 2, 3, \ldots, 16),\\
&(A3, i): \quad \sum_{j=1}^{i-1} \beta_{ij}\alpha_j^{m+3} = \frac{1}{m+4} \cdot \alpha_i^{m+4} \qquad (i = 5, 6, \ldots, 16),\\
&(A4, i): \quad \sum_{j=1}^{i-1} \beta_{ij}\alpha_j^{m+4} = \frac{1}{m+5} \cdot \alpha_i^{m+5} \qquad (i = 7, 8, \ldots, 16);
\end{aligned} \tag{A}$$

$$\begin{aligned}
&(B, 5): \quad \sum_{i=7}^{13} c_i\beta_{i5} + c_{14}\begin{Bmatrix}\beta_{145}\\ \beta_{155} + \beta_{165}\end{Bmatrix} = c_5(1 - \alpha_5) = 0,\\
&(B, 6): \quad \sum_{i=7}^{13} c_i\beta_{i6} + c_{14}\begin{Bmatrix}\beta_{146}\\ \beta_{156} + \beta_{166}\end{Bmatrix} = c_6(1 - \alpha_6) = 0,\\
&(B, 7): \quad \sum_{i=8}^{13} c_i\beta_{i7} + c_{14}\begin{Bmatrix}\beta_{147}\\ \beta_{157} + \beta_{167}\end{Bmatrix} = c_7(1 - \alpha_7),
\end{aligned} \tag{B}$$

$$\begin{aligned}
&(B, 8): && \sum_{i=9}^{13} c_i\beta_{i8} + c_{14}\begin{Bmatrix}\beta_{148}\\ \beta_{158}+\beta_{168}\end{Bmatrix} = c_8(1-\alpha_8),\\
&(B, 9): && \sum_{i=10}^{13} c_i\beta_{i9} + c_{14}\begin{Bmatrix}\beta_{149}\\ \beta_{159}+\beta_{169}\end{Bmatrix} = c_9(1-\alpha_9),\\
&(B, 10): && \sum_{i=11}^{13} c_i\beta_{i10} + c_{14}\begin{Bmatrix}\beta_{1410}\\ \beta_{1510}+\beta_{1610}\end{Bmatrix} = c_{10}(1-\alpha_{10}),\\
&(B, 11): && \sum_{i=12}^{13} c_i\beta_{i11} + c_{14}\begin{Bmatrix}\beta_{1411}\\ \beta_{1511}+\beta_{1611}\end{Bmatrix} = c_{11}(1-\alpha_{11}),\\
&(B, 12): && c_{13}\beta_{1312} + c_{14}\begin{Bmatrix}\beta_{1412}\\ \beta_{1512}+\beta_{1612}\end{Bmatrix} = c_{12}(1-\alpha_{12}),\\
&(B, 13): && c_{14}\begin{Bmatrix}\beta_{1413}\\ \beta_{1513}+\beta_{1613}\end{Bmatrix} = c_{13}(1-\alpha_{13}),\\
&(B, 14): && c_{14}(\beta_{1514}+\beta_{1614}) = c_{14}(1-\alpha_{14}),\\
&(B, 15): && c_{14}\beta_{1615} = c_{14}(1-\alpha_{15});
\end{aligned} \tag{B}$$

$$\begin{aligned}
&(C1, j): && \sum_{i=7}^{13} c_i\alpha_i\beta_{ij} + c_{14}\alpha_{14}\begin{Bmatrix}\beta_{14j}\\ \beta_{16j}\end{Bmatrix} = 0, \qquad (j = 5, 6)\\
&(C2, j): && \sum_{i=7}^{13} c_i\alpha_i^2\beta_{ij} + c_{14}\alpha_{14}^2\beta_{16j} = 0, \qquad (j = 5, 6)\\
&(C3, k): && \sum_{i=8}^{13} c_i\alpha_i\left(\sum_{j=7}^{i-1}\beta_{ij}\beta_{jk}\right) + c_{14}\alpha_{14}\cdot\sum_{j=7}^{15}\beta_{16j}\beta_{jk} = 0 \qquad (k = 5, 6).
\end{aligned} \tag{C}$$

The upper lines in the braces of (B), of (C1, j) and in the following equation (E, 1) hold for the 13-th order formula, the lower lines for the 14-th order formula.

The assumptions (6), (A), (B), (C) reduce the equations of condition, listed in [4] to two groups of a very small number of equations. The first group, (D), contains the α- and the c-coefficients, but no coefficients β_{ij}:

$$(D, k): \quad \sum_{i=7}^{14} c_i\alpha_i^{m+k} = \frac{1}{m+k+1}, \quad k = 1, 2, 3, \dots, 8. \tag{D}$$

The second group, (E), also contains the coefficients β_{ij}. If we introduce the abbreviation:

$$\sum_{j=1}^{i-1} \beta_{ij}\alpha_j^k = P_{i,k}, \tag{8}$$

the equations of group (E) would read:

$$\begin{aligned}
&(E, 1): && \sum_{i=7}^{13} c_i\alpha_i P_{i,m+5} + c_{14}\alpha_{14}\begin{Bmatrix}P_{14,m+5}\\ P_{16,m+5}\end{Bmatrix} = \frac{1}{(m+6)(m+8)},\\
&(E, 2): && \sum_{i=7}^{13} c_i\alpha_i^2 P_{i,m+5} + c_{14}\alpha_{14}^2 P_{16,m+5} = \frac{1}{(m+6)(m+9)},\\
&(E, 3): && \sum_{i=7}^{13} c_i\alpha_i P_{i,m+6} + c_{14}\alpha_{14} P_{16,m+6} = \frac{1}{(m+7)(m+9)},\\
&(E, 4): && \sum_{i=8}^{13} c_i\alpha_i\left(\sum_{j=7}^{i-1}\beta_{ij}P_{j,m+5}\right) + c_{14}\alpha_{14}\sum_{j=7}^{15}\beta_{16j}P_{j,m+5} = \frac{1}{(m+6)(m+7)(m+9)}.
\end{aligned} \tag{E}$$

The paper [4] actually lists more equations of condition than we have considered in our reducing process. However, these additional equations of condition belong to terms in the TAYLOR series of at least the order $2m + 5$. For $m = 5$ such equations can be disregarded since they are of order 15 or higher.

In the following, we shall show that for a RKT13(14)-formula m can not be smaller than 5. Let us consider the — only — $(2m + 5)$-th oder equation in [4]:

$$\sum_i c_i\left(\sum_{j=1}^{i-1}\beta_{ij}\alpha_j^{m+1}\right)^2 = \frac{1}{(m+2)^2(m+5)}. \tag{9}$$

Introducing (A1) into (9) would lead to:

$$\sum_i c_i\alpha_i^{2m+4} = \frac{1}{m+5}. \tag{10}$$

Let us now choose $m < 5$, for example $m = 4$. Equation (10) would then belong to a TAYLOR series term of the order 13 and would have to be included in the equations of condition for a RKT13(14)-formula. However, for $m < 5$ equation (10) is incompatible with equations (D). For example, for $m = 4$ equation (10) would read:

$$\sum_i c_i \alpha_i^{12} = \frac{1}{9},$$

whereas (D, 8) would read:

$$\sum_i c_i \alpha_i^{12} = \frac{1}{13}.$$

Similar incompatabilities between (10) and (D) would result for $m = 3, 2, 1$. Therefore, an RKT13(14)-formula requires a minimum of five differentiations of the differential equations to avoid incompatabilities between the equations of condition.

After having reduced the equations of conditions of [4] to the relatively simple and few equations (A), (B), (C), (D), and (E), we have to solve these equations for $m = 5$, taking into account the assumptions (6).

Since solving these equations is a quite elementary, but tedious procedure, we just indicate from which equations the coefficients are obtained. We express the coefficients c_i and β_{ij} by the α_i, which we consider as free parameters. However, not all α_i can be chosen arbitrarily, since there exist restrictive conditions between the α_i:

a) From (A1, 2), (A2, 2) for β_{21} a relation results between α_1 and α_2.

b) From (A1, 3), (A2, 3) for β_{32} a relation results between α_2 and α_3.

c) From (A1, 5), (A2, 5), (A3, 5) for β_{53}, β_{54} a relation results between $\alpha_3, \alpha_4, \alpha_5$.

d) From (A1, 7), (A2, 7), (A3, 7), (A4, 7) for β_{75}, β_{76} the ratios $\frac{\alpha_5}{\alpha_7}$ and $\frac{\alpha_6}{\alpha_7}$ are obtained as solutions of quadratic equations. For $m = 5$ these solutions are rational numbers.

e) From (A1, 8), (A2, 8), (A3, 8), (A4, 8) for $\beta_{85}, \beta_{86}, \beta_{87}$ a rational relation results between α_7 and α_8. Therefore, only $\alpha_4, \alpha_7, \alpha_9, \alpha_{10}, \alpha_{11}, \alpha_{12}, \alpha_{13}$ are free parameters.

In the following, we list the coefficients and the equations they were obtained from, taking into account the above restrictions for the α_i:

Equations	Coefficients
(D)	$c_7, c_8, c_9, c_{10}, c_{11}, c_{12}, c_{13}, c_{14}$
(A1, 2)	β_{21}
(A1, 3)	β_{32}
(A1, 4), (A2, 4)	β_{42}, β_{43}
(A1, 5), (A2, 5)	β_{53}, β_{54}
(A1, 6), (A2, 6), (A3, 6)	$\beta_{63}, \beta_{64}, \beta_{65}$
(A1, 7), (A2, 7)	β_{75}, β_{76}
(A1, 8), (A2, 8), (A3, 8)	$\beta_{85}, \beta_{86}, \beta_{87}$
(A1, 9), (A2, 9), (A3, 9), (A4, 9)	$\beta_{95}, \beta_{96}, \beta_{97}, \beta_{98}$
(A1, 10), (A2, 10), (A3, 10), (A4, 10)	$\beta_{106}, \beta_{107}, \beta_{108}, \beta_{109}, (\beta_{105} = 0)$
(A1, 11), (A2, 11), (A3, 11), (A4, 11)	$\beta_{117}, \beta_{118}, \beta_{119}, \beta_{1110}, (\beta_{115} = \beta_{116} = 0)$
(B, 5), (C1, 5), (C2, 5)	$\beta_{125}, \beta_{135}, \beta_{145}, (\beta_{165} = \beta_{145})$
(B, 6), (C1, 6), (C2, 6)	$\beta_{126}, \beta_{136}, \beta_{146}, (\beta_{166} = \beta_{146})$
(B), (E, 1), (E, 2)	$P_{12,10}, P_{13,10}, P_{14,10}, (P_{16,10} = P_{14.10})$
(A1, 12), (A2, 12), (A3, 12), (A4, 12), ($P_{12,10}$)	$\beta_{127}, \beta_{128}, \beta_{129}, \beta_{1210}, \beta_{1211}$
(A1, 13), (A2, 13), (A3, 13), (A4, 13), ($P_{13,10}$)	$\beta_{138}, \beta_{139}, \beta_{1310}, \beta_{1311}, \beta_{1312}, (\beta_{137} = 0)$
(B, 7), ..., (B, 13)	$\beta_{147}, \beta_{148}, \beta_{149}, \beta_{1410}, \beta_{1411}, \beta_{1412}, \beta_{1413}$
(A1, 16), (A2, 16), (A3, 16), (A4, 16) ($P_{16,10}$), (E, 3), (E, 4)	$\beta_{167}, \beta_{168}, \beta_{169}, \beta_{1610}, \beta_{1611}, \beta_{1612}, \beta_{1613}, (\beta_{1614} = 0, \beta_{1615} = 1)$
$\beta_{15j} = \beta_{14j} - \beta_{16j}$ $(j = 7, 8, \ldots, 13)$	$\beta_{157}, \beta_{158}, \beta_{159}, \beta_{1510}, \beta_{1511}, \beta_{1512}, \beta_{1513}, (\beta_{1514} = 0)$

As the listing shows, equations (C3, k) are not used for the computation of the coefficients β_{ij}. They are unnecessary for the computation of the coefficients β_{ij}, but they are helpful for the reduction of the original equations of condition. Introducing the coefficients β_{ij} into these equations (C3, k), it can be verified that they are indeed satisfied.

For the computation of the β_{ij} in fraction form, it is essential to choose for the free parameters α_i fractions with small integers as numerators and denominators. Otherwise, the numerators and denominators of the β_{ij} could become extremely large.

The choice of the free parameters α_i should also be determined by the magnitude of the leading term of the local truncation error. For a RKT13(14)-formula, the leading — 14th order — truncation error consists of 128 members, each of the form $T_i[\ldots]_i \cdot h^{14}$. The T_i are certain numerical values that are depending on the coefficients of our formula, but are independent of the differential equations of the problem. The brackets, however, containing certain combinations of the partial derivatives of (3), depend on the problem. Therefore, since we have no general influence on the brackets, we can only concentrate on the T_i, trying to make them small.

The assumptions (A), (B), (C) not only reduce the number of equations of condition that have to be satisfied for the coefficients of our formula, but they also reduce the number of members of the leading truncation error: 64 of the 128 members become zero. The remaining 64 members can be divided into two groups: the 35 members of the first group are all proportional to a certain error term T_{49}, the 29 members of the second group are all proportional to T_{69} the indices 49 and 69 indicating the number of the corresponding 14th order error term in [4]. The error terms T_{49}, T_{69} correspond to our equations (E, 3), (E, 4); the error terms for (E, 1), (E, 2) are zero. Expressing these basic error terms T_{49} and T_{69} by the coefficients of our RKT-formula, we find for $m = 5$:

$$T_{49} = \frac{1}{11!} c_{14} P_{15,11} \approx \frac{1}{11!} \cdot 0.000000489\,, \quad T_{69} = \frac{1}{10!} c_{14} \sum_{j=7}^{14} \beta_{15,j} P_{j,10} \approx \frac{1}{11!} \cdot 0.000000001\,. \tag{11}$$

In Table 1 the coefficients — in fraction form — for a RKT13(14)-formula are listed, based on the following choice for the free α-parameters:

$$\alpha_4 = 7/15\,, \quad \alpha_7 = 3/4\,, \quad \alpha_9 = 1/3\,, \quad \alpha_{10} = 5/9\,, \quad \alpha_{11} = 4/9\,, \quad \alpha_{12} = 5/6\,, \quad \alpha_{13} = 15/16\,. \tag{12}$$

The numerical values in (11) hold for the coefficients in Table 1.

Section III: RKT11(12)-Formula with $m = 4$ and RKT9(10)-Formula with $m = 3$

Since the derivation of the formulas of this Section is very similar to the derivation of the RKT13(14)-formula, as described in Section II, we omit the derivation and restrict ourselves to just supplying the information necessary for the application of these formulas:

RKT11(12) (requiring $m = 4$ differentiations):

RKT-*evaluations*:

$$f_i = f\left(t_0 + \alpha_i h,\, x_0 + h \cdot \sum_{j=1}^{i-1} \beta_{ij} f_j\right), \qquad (i = 1, 2, \ldots, 12)\,; \tag{13}$$

RKT-*formulas*:

$$x = x_0 + h \cdot \sum_{i=1}^{10} c_i f_i + O(h^{12})\,, \qquad \hat{x} = x_0 + h \cdot \sum_{i=1}^{12} \hat{c}_i f_i + O(h^{13})\,; \tag{14}$$

Weight factors:

$$c_i = \hat{c}_i = 0 \quad (i = 1, 2, 3, 4)\,, \qquad c_i = \hat{c}_i \quad (i = 5, 6, 7, 8, 9)\,, \qquad \hat{c}_{10} = 0\,, \qquad \hat{c}_{11} = \hat{c}_{12} = c_{10}\,. \tag{15}$$

Leading local truncation error term for the 11th-order formula:

$$TE = c_{10}(f_{10} - f_{11} - f_{12}) \cdot h \tag{16}$$

RKT9(10) (requiring $m = 3$ differentiations):

RKT-*evaluations*:

$$f_i = f(t_0 + \alpha_i h,\, x_0 + h \cdot \sum_{j=1}^{i-1} \beta_{ij} f_j) \qquad (i = 1, 2, \ldots, 9)\,; \tag{17}$$

RKT-*formulas*:

$$x = x_0 + h \cdot \sum_{i=1}^{7} c_i f_i + O(h^{10})\,, \qquad \hat{x} = x_0 + h \cdot \sum_{i=1}^{9} \hat{c}_i f_i + O(h^{11})\,; \tag{18}$$

Weight factors:

$$c_i = \hat{c}_i = 0 \quad (i = 1, 2)\,, \qquad c_i = \hat{c}_i \quad (i = 3, 4, 5, 6)\,, \qquad \hat{c}_7 = 0\,, \qquad \hat{c}_8 = \hat{c}_9 = c_7\,. \tag{19}$$

Leading local truncation error term for the 9th-order formula:

$$TE = c_7(f_7 - f_8 - f_9) \cdot h\,. \tag{20}$$

The coefficients for the RKT11(12)- and the RKT9(10)-formula are listed in Tables 2 and 3; coefficients not listed are zero.

Appendix: Application to Quadrature Problems

It was pointed out by T. E. HULL [7] that the stepsize control procedure for our earlier high-order RUNGE-KUTTA formulas [5], [6] is not immediately applicable to quadrature problems:

$$\dot{x} = f(t)\,. \tag{21}$$

Since this also holds for the RKT-formulas of this paper, some general remarks about the application of our RUNGE-KUTTA- and our RKT-formulas to quadrature problems might be in order at this place.

In the case of a quadrature problem, the lower- and the higher-order formula of our pair of integration formulas in [5], [6] both become identical formulas of the same order — the order of the higher-order formula. Therefore, their difference is zero and can no longer be considered as an approximation of the local truncation error for the lower-order formula.

Recently, J. H. VERNER [8] has published RUNGE-KUTTA formulas, the stepsize control of which is also applicable in the case of a quadrature problem. However, these formulas have larger error coefficients than our formulas. The average values $\frac{1}{N} \sum_{i=1}^{N} |T_i|$ of these coefficients for various orders of VERNER's and of our formulas are listed below:

	VERNER [8]	FEHLBERG [5]
RK5(6)	0.000386908	0.000058642
RK6(7)	0.000040962	0.000023091
RK7(8)	0.000001943	0.000000478
RK8(9)	0.000002650	0.000000018

Larger error terms will, in general, lead to a decrease of the allowable stepsize when a certain accuracy is required.

The fact that, in the case of a quadrature problem, the order of our formulas is increased by one — our RK5(6)-formula becomes a 6th-order formula, etc. — has a direct bearing on the error coefficients of our formulas: a large number of them becomes zero. This explains why our values in the above listing are considerably smaller than VERNER's values.

VERNER makes an effort to have all error coefficients small but non-zero, whenever possible, to cover also cases of pathological behavior. Since pathological behavior will, in general, occur in very exceptional or artifically constructed cases only, it might be somewhat questionable whether their consideration would justify the use of less economic formulas for the overwhelming majority of normal, non-pathological problems.

As to the application of our RUNGE-KUTTA formulas of [5] to quadrature problems, it was first shown by L. F. SHAMPINE [9] how for such problems from our RK7(8)-formula an 8(9)-th order formula can be constructed, thereby providing a functioning stepsize control for such problems without any additional evaluations of the right-hand sides of (21). For details, the reader is referred to the paper of SHAMPINE. Therefore, our rather accurate RK7(8)-formula of [5] can also be applied to quadrature problems and, in this special case, even yields an increase of accuracy by one h-power. Similarly, our formulas RK6(7) and RK8(9) can also be made applicable to quadrature problems without additional evaluations of the right-hand sides of (21) whereas the RK5(6)-formula would require one additional evaluation.

It can be shown that the RKT-formulas of this paper can be made applicable to quadrature problems by a similar modification of the stepsize control procedure for such problems. We explain the procedure for our RKT9(10)-formula. In the case of a quadrature problem, the equations:

$$\sum_{i=3}^{7} c_i \alpha_i^{m+k} = \frac{1}{m+k+1} \quad (k = 1, 2, \dots, 6), \quad (m = 3), \tag{22}$$

yield the coefficients c_i for a 10th-order formula. Besides (22) we now consider an 11th-order formula with coefficients $\bar{c}_i$, given by:

$$\sum_{i=1}^{7} \bar{c}_i \alpha_i^{m+k} = \frac{1}{m+k+1} \quad (k = 1, ,2 \dots, 7), \quad (m = 3). \tag{23}$$

Solving the seven linear equations (23) for the seven unknowns $\bar{c}_1, \bar{c}_2, \dots, \bar{c}_7$, using the α-values of our RKT9(10)-formula, as listed in Table 3, we obtain the 11th-order formula for the quadrature problem. The stepsize control procedure is then obtained from the coefficients c_i and $\bar{c}_i$ by:

$$TE_Q = x - \bar{x} = \left[-\bar{c}_1 f_1 - \bar{c}_2 f_2 + \sum_{i=1}^{7} (c_i - \bar{c}_i) f_i\right] \cdot h. \tag{24}$$

Introducing the numerical values for the c_i and the $\bar{c}_i$ into (24), we find:

$$TE_Q = \left(-\frac{191102976}{463203125} f_1 + \frac{8704}{24255} f_2 - \frac{6640625}{42810768} f_3 + \frac{12393}{61600} f_4 + \frac{98001617}{2722500000} f_5 - \frac{14348907}{3946342400} f_6 + \right.$$
$$\left. + \frac{17}{32340} f_7\right) \cdot h. \tag{25}$$

In a quite similar way, stepsize control procedures for RKT11(12) and RKT13(14) can be obtained for the special case of a quadrature problem without additional evaluations of the differential equations.

As to detecting quadrature problems, if they are not obvious, we refer to the paper of SHAMPINE [9]. His checking procedure for the f_i-values can be applied in the same way for our RKT-formulas.

It might be possible to derive RKT-formulas, similar to those of this paper, but with stepsize control procedures directly applicable to quadrature problems. However, we suspect that such formulas would have larger error coefficients, similar to VERNER's formulas compared with our RUNGE-KUTTA formulas of [5].

Acknowledgements

The author is indebted to Prof. Dr. S. FILIPPI of the Justus-Liebig-Universität at Giessen, West Germany, for checking the formulas of this paper and running some test examples on the electronic computer of his Institute. The author is also grateful for support by the University of Texas at Austin, Department of Aerospace Engineering and Engineering Mechanics. Prof. Dr. D. G. BETTIS of the Department was helpful by supplying a pre-publication copy of his paper [4], by testing the coefficients for some of the RKT-formulas, using his programs based on [4], and last not least by making available to the author some financial support from a grant of the National Science Foundation, Division of Mathematical and Computer Sciences (Grant MSC 76—20022).

Literature

1 Fehlberg, E., New high-order Runge-Kutta formulas with step size control for systems of first- and second-order differential equations. ZAMM 44, T 17 – T 29 (1964).

2 Fehlberg, E., New high-order Runge-Kutta formulas with an arbitrarily small truncation error, ZAMM 46, 1 – 16 (1966).

3 Fehlberg, E., Zur numerischen Integration von Differentialgleichungen durch Potenzreihen-Ansätze, dargestellt an Hand physikalischer Beispiele, ZAMM 44, 83 – 88 (1964).

4 Bettis, D. G.; Horn, M. K., Truncation error terms for Runge-Kutta methods, Texas Institute of Computational Mechanics Report 77 – 12 (1977), The University of Texas at Austin.

5 Fehlberg, E., Classical fifth-, sixth-, seventh-, and eighth-order Runge-Kutta formulas with stepsize control, NASA Technical Report R-287, Washington, D.C., October 1968.

6 Fehlberg, E., Klassische Runge-Kutta Formeln fünfter und siebenter Ordnung mit Schrittweiten-Kontrolle, Computing 4, 93 – 106 (1969) (Druckfehler-Berichtigung in Computing 5, 184 (1970)).

7 Hull, T. E., Numerical solutions of initial value problems for ordinary differential equations. In Aziz, A. K. (Ed.). Numerical Solutions of Boundary Value Problems for Ordinary Differential Equations, Academic Press, New York 1975.

8 Verner, J. H., Explicit Runge-Kutta methods with estimates of the local truncation error, SIAM, Numer. Analysis 15, 772 – 790 (1978).

9 Shampine, L. F., Quadrature and Runge-Kutta formulas, Appl. Math. Comput. 2, 172 – 186 (1976).

10 Hairer, E., A Runge-Kutta method of order 10, J. Inst. Maths. Applics. 21, 47 – 59 (1978).

11 Curtis, A. R., High-order explicit Runge-Kutta formulae, their uses, and limitations, J. Inst. Maths. Applics. 16, 35 – 55 (1975).

Eingereicht: 31. 5. 1979, gekürzte Fassung 9. 11. 1979

Anschrift: Dr. E. Fehlberg, 2113 Fairfax Street NE, Huntsville, Alabama 35811, USA.

Table 1 Coefficients for RKT13(14) with $m = 5$

α_i $i =$		$i =$	
1	49 / 192	9	1 / 3
2	7 / 24	10	5 / 9
3	1 / 3	11	4 / 9
4	7 / 15	12	5 / 6
5	1 / 2	13	15 / 16
6	7 / 10	14	1
7	3 / 4	15	0
8	2 / 3	16	1

β_{ij} : $i =$	$j =$	
2	1	32768 / 352947
3	2	262144 / 2470629
4	2	−786432 / 390625
4	3	1647086 / 1171875
5	3	729 / 4096
5	4	284765625 / 3373232128
6	3	13808345481 / 1600000000
6	4	−196101 / 20480
6	5	2470629 / 390625
7	5	2187 / 8192
7	6	854296875 / 6746464256
8	5	47104/177147
8	6	8800000000 / 145888171821
8	7	−2097152 / 129140163
9	5	6392 / 177147
9	6	9059375000 / 145888171821
9	7	−1515520 / 129140163
9	8	−25 / 384
10	6	−668945312500000 / 3509631749497797
10	7	3328000000 / 94143178827
10	8	55390625 / 272097792
10	9	20265625 / 46766808
11	7	208305913856 / 345976182189225
11	8	−68864 / 18600435
11	9	20221952 / 93002175
11	10	53248 / 3828125
12	5	−5744739296875 / 1464611715072
12	6	14348358154296875 / 172310103666505728
12	7	18221008184375 / 51091206127038
12	8	−698820453125 / 711161020416
12	9	12610065625 / 3703963648
12	10	24896770821 / 6481936384
12	11	−484386328125 / 1083673935872
13	5	361855219950703125 / 61526471667089408
13	6	33815033882720947265625 / 79623806516775419379712
13	8	−9259047542505755390625 / 4032198847174371442688
13	9	1888824301083549421875 / 99004882408299298816
13	10	1732220640563967572301 / 315015534935497768960
13	11	−36465268829651179570265625 / 1806425083534118406324224
13	12	761351790742684317 / 2153426508348129280
14	5	−1585848560 / 88990209
14	6	−71413406250000 / 31408827295923
14	7	−20719022958804992 / 303883767917955225

Table 1: continued

	i	j	
β_{ij}	14	8	10866646716168861 / 677546929579520
	14	9	−6244808854694877 / 52933353873400
	14	10	−30874005177747545214 / 723698197487890625
	14	11	135622497224352357 / 1185707126764160
	14	12	−80350430175645696 / 65790745226171875
	14	13	2250110963824984064 / 6460114113902109375
	15	7	−4105180448817152 / 33764863101995025
	15	8	33814441318257 / 30797587708160
	15	9	−20539736829819 / 2406061539700
	15	10	−10495497508400809521 / 2894792789951562500
	15	11	1112644490053313331 / 151770512225812480
	15	12	−3995254551741696 / 65790745226171875
	15	13	70315967619530752 / 6460114113902109375
	16	5	−1585848560 / 88990209
	16	6	−71413406250000 / 31408827295923
	16	7	113593207563845632 / 2127186375425686575
	16	8	10122729007167207 / 677546929579520
	16	9	−5792934644438859 / 52933353873400
	16	10	−3228586377216839181 / 82708365427187500
	16	11	295400639175705243 / 2759463858651136
	16	12	−610841404991232 / 526325961809375
	16	13	2179794996205453312 / 6460114113902109375
	16	15	1

c_i	$i =$ 7	4810866688 / 37927664775
	8	1340631 / 66626560
	9	245673 / 1055600
	10	77871518289 / 370562500000
	11	−36030105477 / 8966089932800
	12	1095856128 / 13685546875
	13	160722211701784576 / 1618638078814453125
	14	128413 / 7207200

Coefficients not listed are zero.

Table 2: Coefficients for RKT11(12) with $m = 4$

α_i	$i = 1$	22 / 49	$i =$ 7	2 / 5
	2	11 / 21	8	11 / 12
	3	11 / 18	9	5 / 6
	4	2 / 5	10	1
	5	2 / 3	11	0
	6	8 / 9	12	1

i	j	
$i =$ 2	$j = 1$	26411 / 139968
3	2	184877 / 839808
4	2	7362272736 / 138403203125
4	3	−2297714688 / 138403203125
5	3	2985984 / 21419783
5	4	78125 / 290871
6	3	−67108864 / 17525277
6	4	800000000 / 212044959
6	5	2048 / 729
7	4	11 / 120
7	5	−12879 / 4375000
7	6	531441 / 2240000000
8	3	10689327 / 8716288
8	4	7477882743203125 / 624640716177408
8	5	−6677013409 / 15032385536
8	6	898509487887 / 7696581394432
8	7	−5141507421875 / 391378894848
9	3	−25380590625 / 10966928896
9	4	−529223388671875 / 53680061546496
9	5	1864803125 / 1056964608
9	6	16828509375 / 661424963584
9	7	3507080078125 / 284361228288
9	8	−1300000 / 44933229
10	3	−23914845 / 6925193
10	4	−1171796875 / 46497792
10	5	20341773 / 9863168
10	6	−47456086977 / 55549362176
10	7	11583984375 / 390387712
10	8	119439360 / 214680983
10	9	1119744 / 1746875
11	5	−243 / 11008
11	6	−4782969 / 61997056
11	7	1171875 / 48798464
11	8	7962624 / 214680983
11	9	93312 / 1746875
12	3	−23914845 / 6925193

Table 2: continued

β_{ij}	12	4	−1171796875 / 46497792
	12	5	20559501 / 9863168
	12	6	−43170546753 / 55549362176
	12	7	11574609375 / 390387712
	12	8	111476736 / 214680983
	12	9	1026432 / 1746875
	12	11	1
c_i	$i =$ 5		184923 / 788480
	6		−129140163 / 4440719360
	7		1806640625 / 6291597312
	8		254803968 / 1922143685
	9		1492992 / 15640625
	10		86 / 3465

Coefficients not listed are zero.

Table 3: Coefficients for RKT 9(10) with $m = 3$

α_i	$i =$ 1	5 / 12	$i =$ 6	8 / 9
	2	1 / 2	7	1
	3	3 / 5	8	0
	4	1 / 3	9	1
	5	5 / 7		

β_{ij}	$i =$ 2	$j =$ 1	648 / 3125
	3	2	3888 / 15625
	4	2	464 / 10935
	4	3	−2500 / 177147
	5	2	−4730000 / 2470629
	5	3	171875000 / 200120949
	5	4	3037500 / 823543
	6	2	38207488 / 23914845
	6	3	−160160000 / 129140163
	6	4	−8320 / 6561
	6	5	2153447296 / 2989355625
	7	2	−2704 / 645
	7	3	891875 / 135837
	7	4	243 / 860
	7	5	−17529701 / 5912500
	7	6	4782969 / 7870720
	8	3	15625 / 30186
	8	4	−729 / 860
	8	5	−352947 / 1182500
	8	6	531441 / 15741440
	9	2	−2704 / 645
	9	3	1643125 / 271674
	9	4	243 / 215
	9	5	−7882483 / 2956250
	9	6	9034497 / 15741440
	9	8	1
c_i	$i =$ 3		390625 / 1886976
	4		729 / 2560
	5		5764801 / 52800000
	6		14348907 / 82001920
	7		43 / 1344

Coefficients not listed are zero.

ZAMM 60, 195 – 200 (1980)

M. TAHER SCHOBEIRI

Geschwindigkeits- und Temperaturverteilung in Hamelscher Spiralströmung

Für die Hamelsche Spiralströmung wurde die Temperaturverteilung angegeben. Nach der Ermittlung der Geschwindigkeitsverteilung konnte die partielle Differentialgleichung der Energie mittels eines Separationsansatzes in eine gewöhnliche Differentialgleichung überführt werden. Für alle Sonderfälle dieser Differentialgleichung konnten numerische Lösungen angegeben werden.

The temperature distribution of Hamel's spiral flow was presented. After obtaining the velocity distribution, the partial differential equation of energy could be transformed into an ordinary differential equation by means of a separation method. Numerical solutions are showed for all special cases of this differential equation.

Задаётся температурное распределение для спирального течения Гамеля. После получения распределения скоростей дифференциальное уравнение в частных производных энергии удалось с помощью метода разделения свести к обыкновенному дифференциальному уравнению. Для всех частных случаев этого дифференциального уравнения приводятся численные решения.

1. Einleitung

In der theoretischen Hydrodynamik stellt die Strömung zäher Flussigkeiten durch spiralförmige Kanäle einen interessanten Fall dar, da sie neben dem Einfluß des Druckgradienten auch den der Kanalkrümmung beinhaltet. Für laminare inkompressible Strömung durch logarithmische Spiralen konnte G. HAMEL [1] die partielle Bewegungsdifferentialgleichung in eine gewöhnliche überführen. Fur zwei Spezialfälle, nämlich Strömung durch konzentrische Kreise und reine Radialströmung, werden in [1] analytische Lösungen angegeben. MILSAPS und POHLHAUSEN [3] ermittelten auf der Basis der JEFFERYschen Lösung [2] die Geschwindigkeits- und Temperaturverteilung in Radialströmungen.

Die vorliegende Untersuchung befaßt sich mit der Ermittlung der Temperaturverteilung innerhalb der HAMELschen Spiralströmung. Dies erfordert zunächst die Lösungen der Bewegungsgleichung, welche für verschiedene *Re*-Zahlen numerisch angegeben werden. Danach wird die Energiedifferentialgleichung mittels eines Separationsansatzes in eine gewöhnliche Differentialgleichung umgewandelt. Für diese Differentialgleichung, welche die Temperaturverteilung innerhalb der HAMELschen Strömung darstellt, werden numerische Lösungen aller Sonderfälle angegeben.

2. Die Kanalgeometrie

Die Kanalkonfiguration ist durch folgende Transformation gegeben:

$$w = -\frac{2}{a + ib} \ln z \quad \text{mit} \quad z = x + iy \quad \text{und} \quad w = u + iv\,. \tag{2.1}$$

Somit erhält man die Koordinaten der Kanäle als logarithmische Spiralen durch die Beziehungen:

$$x = e^{-1/2(au - bv)} \cos\left(\frac{av + bu}{2}\right); \quad y = -e^{-1/2(au - bv)} \sin\left(\frac{av + bu}{2}\right). \tag{2.2}$$

Darin sind a und b reelle von u und v unabhängige Zahlen, welche die Konfiguration des spiralformigen Diffusors mitgestalten, u und v stellen die krummlinigen Koordinaten dar. Alle Erhaltungsgleichungen werden in diesem Koordinatensystem aufgestellt. Zu diesem Zwecke benötigt man noch die Metrikkoeffizienten und die CHRISTOFFEL-Symbole. Es sind:

$$g^{11} = g^{22} = \frac{4}{a^2 + b^2} e^{au - bv}, \qquad g^{12} = g^{21} = 0 \tag{2.3}$$

und

$$\Gamma^1_{kl} = \frac{1}{2}\begin{pmatrix} -a & b \\ b & a \end{pmatrix}, \qquad \Gamma^2_{kl} = -\frac{1}{2}\begin{pmatrix} b & a \\ a & -b \end{pmatrix} \tag{2.4}$$

3. Strömungsgleichungen

Zur Ermittlung der Temperaturverteilung benötigt man zunächst die Geschwindigkeitsverteilung innerhalb des Diffusorkanals. Es wird hier eine zweidimensionale stationäre Laminarströmung mit konstanter Viskosität vorausgesetzt, auf die keine externen Kräfte wirken. Die Geschwindigkeitsverteilung läßt sich aus folgenden zwei Beziehungen ermitteln:

1. Kontinuitätsdifferentialgleichung

$$\nabla \cdot \boldsymbol{V} = 0 \tag{3.1}$$

d. h.

$$V^i_{,i} + V^k \Gamma^i_{ki} = 0\,.^{*)} \tag{3.2}$$

Nach der HAMELschen Theorie ist die Geschwindigkeitskomponente in v-Richtung $V^2 = 0$, somit ergibt sich aus Gl. (3.2) nach einmaliger Integration:

$$V^1 = \frac{4}{a^2 + b^2} \nu F(v)\, e^{au - bv} \tag{3.3}$$

mit V^1 als kontravarianter Komponente in u-Richtung, ν der kinematischen Zähigkeit und $F = F(v)$ einer noch zu bestimmenden Funktion. Die physikalische Komponente läßt sich sofort bestimmen aus

$$V_u = \frac{V^1}{\sqrt{g^{11}}} = \frac{2}{\sqrt{a^2 + b^2}} \nu F(v)\, e^{1/2(au - bv)} \tag{3.4}$$

2. NAVIER-STOKES'sche Differentialgleichung

$$\boldsymbol{V} \cdot \nabla \boldsymbol{V} = -\frac{1}{\varrho} \nabla p + \nu \nabla^2 \boldsymbol{V}\,. \tag{3.5}$$

Setzt man in die Dgl. (3.5) die Beziehung (3.3) ein und eliminiert das Druckglied, so ergibt sich nach einmaliger Integration:

$$F'' - 2bF' + (a^2 + b^2)\, F - \frac{a}{2} F^2 + K_1 = 0\,. \tag{3.6}$$

Bezieht man die Dgl. (3.6) auf den maximalen Funktionswert F_{max}, so ergibt sich die dimensionslose Beziehung:

$$\Phi'' - 2b\Phi' + (a^2 + b^2)\, \Phi - \frac{a}{2} F_{max} \Phi^2 + C_1 = 0 \tag{3.7}$$

mit $\Phi = \frac{F}{F_{max}}$ und $C_1 = \frac{K_1}{F_{max}}$.

4. Einführung der REYNOLDSzahl

Zur Ermittlung der Geschwindigkeitsverteilung führt man die REYNOLDSzahl ein, welche zweckmäßigerweise aus der maximalen Geschwindigkeit in u-Richtung, also $V_{u\,max}$ und der Lauflänge Δs gebildet wird:

$$Re = \frac{\Delta s \cdot V_{u\,max}}{\nu} \tag{4.1}$$

mit

$$V_{u\,max} = \frac{2\nu}{\sqrt{a^2 + b^2}} F_{max}\, e^{1/2(au - bv_{max})} \tag{4.2}$$

und

$$\Delta s = -\frac{\sqrt{a^2 + b^2}}{a} e^{-1/2(au - bv_{max})} \tag{4.3}$$

mit v_{max} als der Ordinate, bei der $V_u = V_{u\,max}$ ist. Somit ist

$$Re = -\frac{2}{a} F_{max}\,. \tag{4.4}$$

Nach Einführung der Gl. (4.4) in die Beziehung (3.7) erhält man:

$$\Phi'' - 2b\Phi' + (a^2 + b^2)\, \Phi + \frac{a^2}{4} Re\, \Phi^2 + C_1 = 0\,. \tag{4.5}$$

Der Sonderfall für $b = 0$, die reine Radialströmung, wurde zuerst von MILSAPS und POHLHAUSEN [3] behandelt und ist u. a. in [5] zu finden. Für die Spiralströmung wird im folgenden $a = -1$ und $b = 1$ gesetzt.

5. Numerische Behandlung der Bewegungsdifferentialgleichung

5.1. Rand- und Anfangswertproblem

Die Differentialgleichung (4.5) ist eine gewöhnliche nichtlineare Dgl. 2. Ordnung. Sie hat die durch die Strömungsverhältnisse gegebenen Rand- und Anfangsbedingungen zu erfüllen. Wegen der Haftbedingungen an den Kanal-

*) Im Hinblick auf eine systematische Untersuchung, die von den Strömungen in konvexen und konkaven Kanälen [4] ausgegangen ist, wurde bei der Komponentendarstellung der hydrodynamischen Gleichungen die Tensoranalysis herangezogen.

wänden lauten die Randbedingungen:

$$v = v_{R1}\,, \qquad \Phi = \Phi_{R1} = 0\,; \tag{5.1}$$
$$v = v_{R2}\,, \qquad \Phi = \Phi_{R2} = 0\,.$$

Die Geschwindigkeitsverteilung hat innerhalb des Kanals an irgendeiner noch unbekannten Stelle $v = v_{max}$, deren Bestimmung in den folgenden Abschnitten erläutert wird, ihr Maximum. Somit ergeben sich die notwendigen Anfangsbedingungen zu

$$v = v_{max}\,, \qquad \Phi = \Phi_{max} = \pm 1\,, \qquad \Phi' = \Phi'_{max} = 0\,, \tag{5.2}$$

wobei das Pluszeichen auf Diffusor-, das Minuszeichen auf Düsenströmung hinweist.

5.2. Bestimmung der Konstante C_1

Die Konstante C_1 kann nach dem in [4] angegebenen Verfahren iterativ aus Rand- und Anfangsbedingungen genau ermittelt werden. Es ergibt sich:

$$C_{1(i+1)} = \frac{2\Phi_{R1(i)}}{v_{max}^2 - v_{R1}^2} + C_{1(i)}\,. \tag{5.3}$$

Darin bedeuten $C_{1(i)}$ eine beliebig vorgebbare Konstante, die etwa die Ordnung der REYNOLDSzahl haben sollte und $\Phi_{R1(i)}$ der Funktionswert an der Stelle v_{R1} für die Konstante $C_{1(i)}$.

5.3. Numerische Lösung der Differentialgleichung (1.5)

Zunächst wird für v_{max} der Anfangswert

$$v_{max(i)} = \frac{v_{R1} + v_{R2}}{2} \tag{5.4}$$

angenommen. Mit $v_{max(i)}$, C_1 aus der Beziehung (5.3) und den Rand- und Anfangsbedingungen (5.1) und (5.2) erhält man mit Hilfe des NEWTONschen Verfahrens die Nullstelle $v_{R2(i)}$. Der verbesserte Wert $v_{max(i+1)}$ ergibt sich aus:

$$v_{max(i+1)} = v_{max(i)} - (v_{R2(i)} - v_{R2})\,. \tag{5.5}$$

Mit $v_{max(i+1)}$ als dem verbesserten Wert ermittelt man $v_{R2(i+1)}$. Ist die Differenz $v_{R2(i+1)} - v_{R2} = \varepsilon \leqq 10^{-6}$, so ist die notwendige Genauigkeit erreicht. Andernfalls wiederholt man den Vorgang, bis ε erreicht ist.

Die Integration der Differentialgleichung wurde mit Hilfe des modifizierten Predictor-Corrector-Verfahrens [7] durchgeführt. Für die numerische Rechnung wurde ein Computerprogramm in FORTRAN 4 Double-Precision-Version angefertigt, welches auf dem IBM 370-Computer des Hochschulrechenzentrums der Technischen Hochschule Darmstadt gerechnet wurde.

5.4. Berechnung der Geschwindigkeitsverteilung

Bezieht man die Gl. (3.4) auf den Maximalwert, so ergibt sich:

$$\frac{V_u}{V_{u\,max}} = \Phi\, e^{1/2b(v_{max} - v)}\,. \tag{5.6}$$

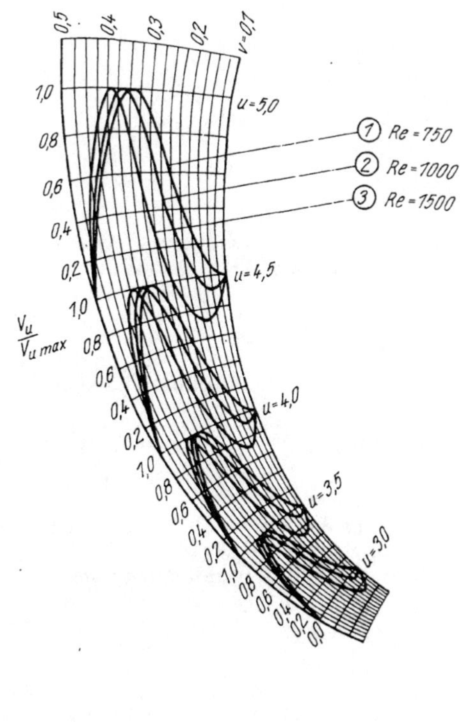

Bild 1. Geschwindigkeitsverteilung in einem spiralförmigen Diffusor mit *Re*-Zahl als Parameter

Wird in die Beziehung (5.6) das bereits ermittelte Φ eingesetzt, so erhält man die dimensionslose Geschwindigkeitsverteilung im ganzen Feld. Bild 1 zeigt in einem Diffusorkanal mit gegebener Geometrie für jeweils verschiedene REYNOLDSzahlen die dimensionslosen Geschwindigkeitsverteilungen. Ausgehend von einer beliebigen Stelle, z. B. $u = 4.5$, ist festzustellen, daß die Geschwindigkeitsprofile an der konvexen Diffusorwand mit zunehmender REYNOLDSzahl zur Ablösung hin tendieren, während sie an der konkaven Wand stärker zum Anliegen kommen. Diese Ergebnisse stimmen mit den in [4] gefundenen überein. Dort wurde der Einfluß der Wandkrümmung auf symmetrische Diffusorströmungen eindeutig aufgezeigt. Die Lage des Geschwindigkeitsmaximums ändert sich mit der REYNOLDSzahl. Bereits bei $Re = 750$ liegt dieses Maximum näher an der konkaven Wand. Mit zunehmender Durchflußmenge bei gegebenem Strömungsquerschnitt, das bedeutet zunehmender REYNOLDSzahl, verschiebt sich das Geschwindigkeitsmaximum zur konkaven Wand hin, was wegen der Fliehkraftwirkung plausibel ist. Gleichzeitig findet eine Vergrößerung der Rückströmungszonen an der konvexen Wand statt. Läßt man bei konstant gehaltenem Konfigurationsparameter b und sonstigen Strömungsbedingungen den Parameter a gegen Null gehen, so ist festzustellen, daß die Rückströmungszonen ständig verkleinert werden bis sich schließlich der Sonderfall, Strömung durch konzentrische Kreise eingestellt hat. Dieser Fall weist parabelähnliche Geschwindigkeitsprofile auf, welche gemäß der Differentialgleichung (4.5) mit $a = 0$ unabhängig von der REYNOLDSzahl sind.

6. Temperaturverteilung

Zur Ermittlung der Temperaturverteilung innerhalb des Strömungsfeldes geht man von der Energiegleichung aus. Sie lautet in differentieller Form:

$$C_v(\nabla T) \cdot \boldsymbol{V} = \frac{k}{\varrho} \nabla^2 T + 2\nu \boldsymbol{D} : \boldsymbol{D} . \tag{6.1}$$

Darin stellt C_v die spezifische Wärmekapazität, k die Wärmeleitfähigkeit, T die Temperatur des Strömungsfeldes und $\boldsymbol{D}$ den Deformationstensor dar. Diese Differentialgleichung ist im Inertialsystem gegenüber Koordinatentransformationen invariant. Für ein orthogonal-krummliniges Koordinatensystem läßt sie sich unter Anwendung tensoranalytischer Gesetzmäßigkeiten wie folgt angeben:

$$C_v T_{,i} V^i = \frac{k}{\varrho} g^{ik}(T_{,ik} - T_{,j}\Gamma^j_{ik}) + \frac{1}{2}\nu(V_{k,l} + V_{l,k} - V_m\Gamma^m_{kl} - V_m\Gamma^m_{lk}) \times$$
$$(g^{li}V^k_{,i} + g^{ki}V^l_{,i} + g^{li}V^m\Gamma^k_{mi} + g^{ki}V^m\Gamma^l_{mi}) . \tag{6.2}$$

Setzt man in die Gl. (6.2) die Werte für Γ^k_{mn} aus der Beziehung (2.4) ein und berücksichtigt die eingangs getroffenen Voraussetzungen, $V^2 = V^3 = 0$, so erhält man:

$$C_v T_{,1} V^1 = \left[\frac{k}{\varrho}(T_{,11} + T_{,22}) + \nu(aV_1V^1_{,1} - bV_1V^1_{,2} + V_{1,2}V^1_{,2})\right] g^{11} ; \tag{6.3}$$

darin ist V_1 die kovariante Geschwindigkeitskomponente in u-Richtung. Die Beziehung (6.3) ist eine partielle Differentialgleichung, wobei $T = T(u, v)$ ist. Sie läßt sich jedoch durch einen Separationsansatz in eine gewöhnliche Differentialgleichung überführen.

7. Ansatz zur Ermittlung der Temperaturverteilung

Er lautet:

$$T = \frac{4}{a^2 + b^2} G\, e^{au - bv} + T_w \tag{7.1}$$

mit $G = G(v)$ und T_w als konstanter Wandtemperatur. Differenziert man die Beziehungen (7.1) und (3.3) entsprechend den in Dgl. (6.3) auftretenden Gliedern und setzt sie in die Dgl. (6.3) ein, so ergibt sich:

$$aC_v\nu GF = \frac{k}{\varrho}[(a^2 + b^2) G - 2bG' + G''] + \nu^3[(a^2 + b^2) F^2 - 2bFF' + F'^2] . \tag{7.2}$$

Bezieht man die Dgl. (7.2) auf $F^2_{\max}$ und verwendet die unter (4.4) eingeführte REYNOLDSzahl, so erhält man

$$\Theta'' - 2b\Theta' + (a^2 + b^2)\,\Theta + \frac{a^2}{2} Pr\, Re\, \Phi\Theta + \frac{a^2}{4} Pr\, Re\,[(a^2 + b^2)\,\Phi^2 - 2b\Phi\Phi' + \Phi'^2] = 0 . \tag{7.3}$$

Darin ist $\Theta = \dfrac{C_v G}{\nu^2\, Re}$ eine dimensionslose Funktion und $Pr = \dfrac{\varrho\nu C_v}{k}$ die PRANDTL-Zahl. Die Glieder Φ und Φ' ergeben sich als Lösungen der Dgl. (4.5). Die Lösung der Dgl. (7.3) hat folgende Randbedingungen zu erfüllen:

$$\begin{aligned} v = v_{R1}&: \quad \Phi = \Phi_{R1} = 0 ; \quad \Theta = \Theta_{R1} = 0 ; \\ v = v_{R2}&: \quad \Phi = \Phi_{R2} = 0 ; \quad \Theta = \Theta_{R2} = 0 . \end{aligned} \tag{7.4}$$

8. Diskussion der Differentialgleichung (7.2)

Die Dgl. (7.2) stellt die allgemeine Differentialgleichung für die Temperaturverteilung in HAMELscher Spiralströmung dar. Sie gilt entsprechend den jeweiligen Randbedingungen für die Diffusor- bzw. Düsenströmung. Zur Ermittlung der Sonderfälle, Radialströmung und Strömung durch konzentrische Kreise, geht man zweckmäßigerweise von dieser Differentialgleichung aus. Wird darin z. B. $a = -2$ und $b = 0$ gesetzt, so erhält man unter Verwendung von Θ und PRANDTL-Zahl die Temperaturdifferentialgleichung für die Radialströmung. Sie lautet:

$$\Theta'' + \Theta(4 + 2\, Pr\, Re\, \Phi) + Pr\, Re\, (4\Phi^2 + \Phi'^2) = 0\,. \tag{8.1}$$

Diese Differentialgleichung wurde zuerst von MILSAPS und POHLHAUSEN [3] gefunden. Für einen weiteren Sonderfall, nämlich Strömung durch konzentrische Kreise, erhält man die Temperaturdifferentialgleichung, indem in der Dgl. (7.2) $a = 0$ und $b = 1$ gesetzt wird. Unter Einführung einer neuen Funktion $\Theta = \frac{C_v G}{\nu^2 F_{\max}^2}$ ergibt sich:

$$\Theta'' - 2\Theta' + \Theta + Pr\,(\Phi^2 - 2\Phi\Phi' + \Phi'^2) = 0\,. \tag{8.2}$$

9. Numerische Lösungen der Temperaturdifferentialgleichung

Im folgenden werden numerische Lösungen der Temperaturdifferentialgleichung (7.3) und deren Sonderfälle, Dgl. (8.1) und (8.2), angegeben. Sie stellen die Temperaturverteilungen innerhalb der Spiralströmungen, Radialströmungen und der Strömung durch konzentrische Kreise dar. Bei den ersten beiden Fällen unterscheidet man jeweils zwischen beschleunigter und verzögerter Strömung. Als Grundlage für die numerische Rechnung dient das in [4] und [8] angegebene Verfahren unter Hinzunahme des Schießverfahrens.

9.1. Temperaturverteilung innerhalb beschleunigter Spiral- und Radialströmung

Für die beschleunigte Spiralströmung sind die Temperaturprofile als Ergebnis der numerischen Lösung der Dgl. (7.3) in Bild 2 dargestellt. Darin ist neben den für drei verschiedene PRANDTL-Zahlen eingezeichneten normierten Temperaturprofilen auch die Geschwindigkeitsverteilung für eine Re-Zahl von 500 eingetragen. Die Temperaturprofile weisen in der Nähe der Kanalwände infolge der Dissipation einen steilen Anstieg auf, wobei deren Maxima auf der konkaven Seite liegen. In Richtung zur Kanalmittel erfahren sie einen stetigen Abfall, welcher mit größer werdender Pr-Zahl zunimmt. Mit zunehmender Re-Zahl, bei sonst gleichbleibender Geometrie und Pr-Zahl, Bild 3, stellt sich in der Nähe der Kanalmitte eine Temperaturverteilung ein, die nur geringfügig über der Wandtemperatur liegt.

Für die beschleunigte Radialströmung ist die Lösung der Dgl. (8.1) als Sonderfall der Dgl. (7.3) in Bild 4 eingetragen. Darin ist die Temperaturverteilung für verschiedene Re-Zahlen dargestellt. Ein Vergleich mit Bild 2 und 3 zeigt qualitative Ähnlichkeit auf, jedoch sind die Temperaturprofile entsprechend der Kanalform symmetrisch.

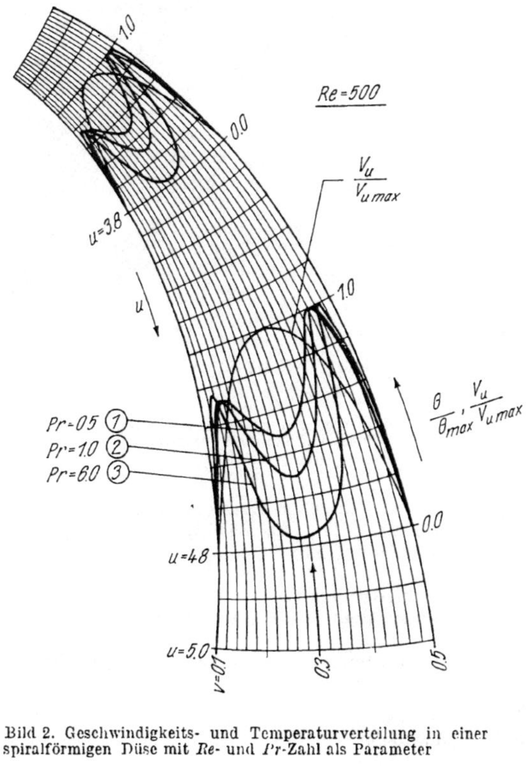

Bild 2. Geschwindigkeits- und Temperaturverteilung in einer spiralförmigen Düse mit Re- und Pr-Zahl als Parameter

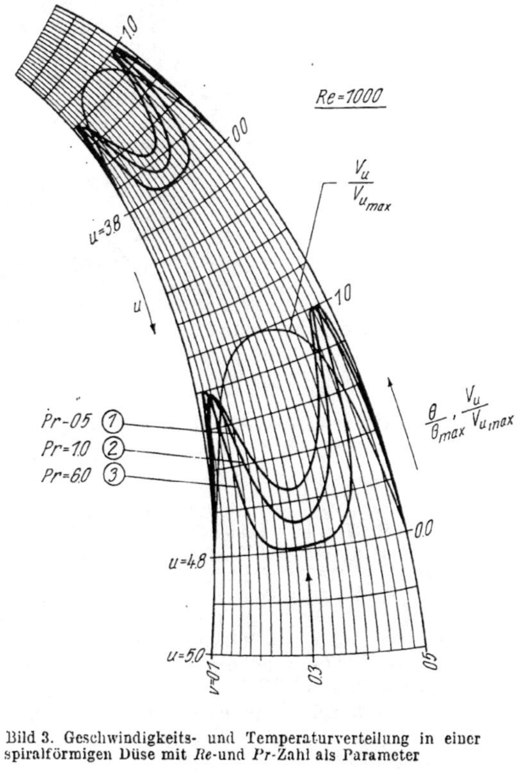

Bild 3. Geschwindigkeits- und Temperaturverteilung in einer spiralförmigen Düse mit Re-und Pr-Zahl als Parameter

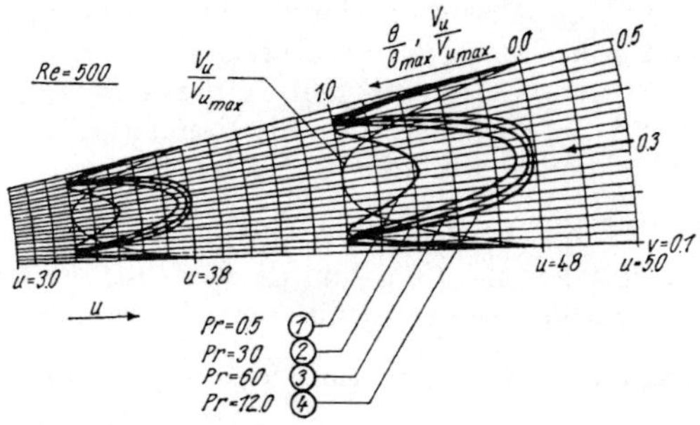

Bild 4. Geschwindigkeits- und Temperaturverteilung in einer beschleunigten Radialströmung mit Re- und Pr-Zahl als Parameter

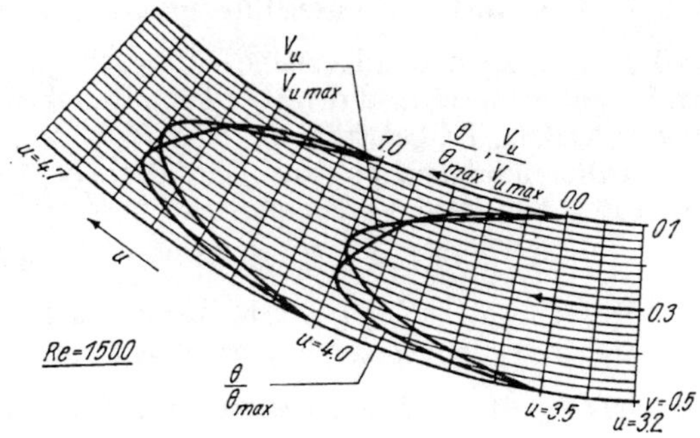

Bild 5. Geschwindigkeits- und Temperaturverteilung in konzentrischen Kreisen

9.2. Temperaturverteilung in konzentrischen Kreisen

Ein weiterer Sonderfall der Dgl. (7.3) ist die Temperaturverteilung in konzentrischen Kreisen, Dgl. (8.2). Dieser Fall kann als Übergang zwischen beschleunigter und verzögerter Strömung angesehen werden. In Bild 5 ist die Geschwindigkeits- und Temperaturverteilung als Lösung der Dgl. (8.2) angegeben. Die für drei verschiedene Pr-Zahlen eingetragenen Temperaturprofile fallen zusammen. Sie haben einen parabelähnlichen Verlauf.

9.3. Temperaturverteilung in verzögerter Spiralströmung

Ein völlig anderes Verhalten zeigen die Lösungen der Dgl. (7.3) für verzögerte Spiralströmung, Bild 6 und 7. Für $Pr = 0.5$ nimmt die Temperaturverteilung Werte unterhalb der Wandtemperatur an. Erst bei größeren Pr-Zahlen bilden sich in der Wandnähe Zonen positiver Temperaturverteilung. Die verzögerte Radialströmung zeigt qualitativ ähnliche Verläufe. In diesem Zusammenhang wäre eine meßtechnische Klärung des Problems sehr wünschenswert.

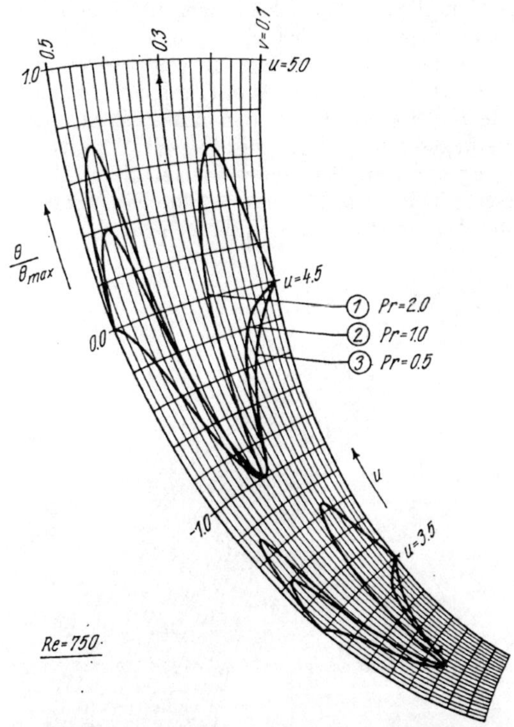

Bild 6. Temperaturverteilung in einem spiralförmigen Diffusor mit Re- und Pr-Zahl als Parameter

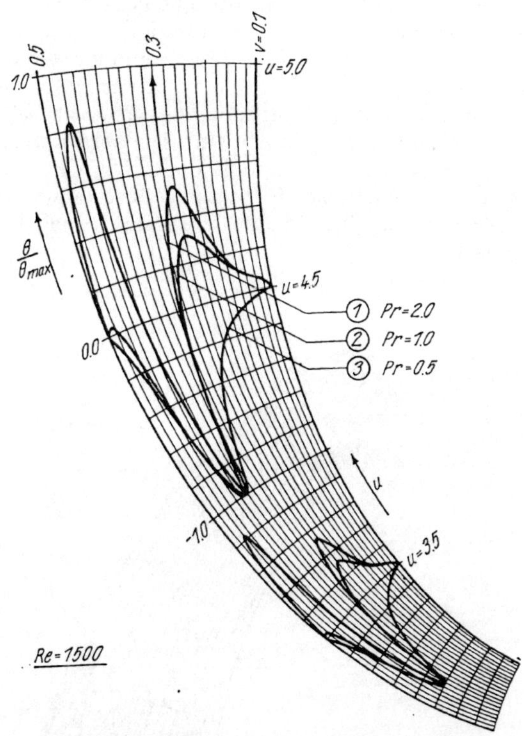

Bild 7. Temperaturverteilung in einem spiralförmigen Diffusor mit Re- und Pr-Zahl als Parameter

Literatur

1 HAMEL, G., Spiralförmige Bewegung zäher Flüssigkeiten, Jahresbericht der deutschen Mathematikervereinigung, Bd. 25, 1916.
2 JEFFERY, G. B., The Two Dimensional Steady Motion of a Viscous Fluid, Phil. Mag., April 1915, 6th. Ser.
3 MILSAPS, K., POHLHAUSEN, K., Thermal Distribution in JEFFERY-HAMEL Flows, JAS 20, 1953.
4 SCHOBEIRI, M. T., ZAMP Vol. 27, 9–21, 1976.
5 BATCHELOR, G. K., An Introduction to Fluid Mechanic, Cambridge University Press 1967.
6 KOTSCHIN, N. J., KIBEL, I. A., ROSE, N. W., Theoretische Hydromechanik, Akademie-Verlag Berlin 1955.
7 Association for Computing Machinery, Acm-03X.
8 SCHOBEIRI, M. T., Theoretische und experimentelle Untersuchungen laminarer und turbulenter Strömungen in Diffusoren, Dissertation, Darmstadt D 17, 1979.

Eingereicht am 2. 5. 1979, in revidierter Fassung am 23. 8. 1979

Anschrift: Dr.-Ing. M. TAHER SCHOBEIRI, Fachgebiet Thermische Turbomaschinen, Technische Hochschule Darmstadt, D 61 Darmstadt, Petersenstraße 18, BRD

KLEINE MITTEILUNGEN

ZAMM 60, 201 – 202 (1980)

F. A. Behringer

On a Theorem of Deák Concerning the Quasiconvexity of Semicontinuous α-Quasiconvex Functions

Introduction

Let $X \subseteq L$ be a convex subset of a real linear space L and for $x, y \in X$; $\alpha \in [0, 1]$ denote $\alpha x + (1 - \alpha)\, y$ *by* $x\alpha y$. Let $(Y, \precsim)$ be a connected quasiorder (i.e. $\precsim$ is connected and transitive on Y). Then for any given $\alpha \in [0, 1]$ we call $f: X \to Y$ an *α-quasiconvex* function iff

$$[x, y \in X] \wedge [f(x) \precsim f(y)] \Rightarrow [f(x\alpha y) \precsim f(y)] .$$

We call f a *symmetrically α-quasiconvex* function iff

$$[x, y \in X] \Rightarrow [f(x\alpha y) \precsim f(y)] \vee [f(x\alpha y) \precsim f(x)] .$$

Put $(u \prec w) :\Leftrightarrow (u \precsim w) \wedge (w \neg\precsim u)$ for all $u, w \in Y$. Then, if L is normed, we call f *lower semicontinuous* iff $\{x \in X \mid a \prec f(x)\}$ is open relative to X for any $a \in Y$ ($\neg\precsim$ means negation of $\precsim$).

The use of quasiconvex functions in Operations Research, Mathematical Economics and the Theory of Mathematical Optimization is well established.

Many results of Convex Optimization remain true for Quasiconvex Optimization (e.g., the set of minimizing points of a quasiconvex function is convex and any local minimum of a strictly quasiconvex function is a global minimum). For a brief history see [1]. In [1] we have shown that some 22 properties of quasiconvex functions extend to "midpoint quasiconvex" functions (i.e. α-quasiconvex functions with $\alpha = \frac{1}{2}$). One of these was Karamardian's Theorem on the quasiconvexity of lower semicontinuous strictly quasiconvex functions. In a further note [2] we succeeded in showing that Karamardian's Theorem still holds for "strictly α-quasiconvex" functions (i.e. α-quasiconvexity with $\precsim$ replaced by $\prec$). α-quasiconvex functions first appeared in 1962, when Deák [3] published a paper mostly devoted to what he called "p-maximumless functions" (from R^n to R^1), defined by

$$x, y \in X] \Rightarrow [f(x\alpha y) \leqq \max \{f(x), f(y)\}] .$$

(Clearly, this is equivalent to

$$[x, y \in X] \Rightarrow [f(x\alpha y) \leqq f(x)] \vee [f(x\alpha y) \leqq f(y)] .$$

Deák [3] has shown that a real-valued function $f: X \to Y$ which is symmetrically α-quasiconvex and lower semicontinuous on an open real interval X is quasiconvex on X (i.e. α-quasiconvex for all $\alpha \in [0, 1]$). In this paper, we will show that Deák's result remains true if we let f be an α-quasiconvex and lower semicontinuous function on a convex subset $X \subseteq L$ of a normed real linear space L, where the values of f are taken from a connected quasi-order.

Apart from the more general setting, the main advantage of our improvement of Deák's result lies in the fact that α-quasiconvexity does not generally imply symmetric α-quasiconvexity — see Theorem 2 below.

Quasi-order-valued functions are of interest because of modern investigations in the Theory of Collective Choice, in Multiobjective Decision Theory and in Control Theory, where the objective functions are vector-valued or function-valued.

Results

Theorem 1: *Let $(Y, \precsim)$ be a connected quasi-order* (i.e. $[u \neg\precsim v] \Rightarrow [v \precsim u]$ *and* $[u \precsim v] \wedge [v \precsim w] \Rightarrow [u \precsim w]$ *for all* $u, v, w \in Y$) *and let $f: X \to Y$ be a function on a convex subset $X \subseteq L$ of a normed real linear space L. Then for any given $\alpha \in (0, 1)$:*
[f is α-quasiconvex and lower semicontinuous] $\Rightarrow$ [f is quasiconvex].

Proof: Suppose

$$\alpha \in (0, 1) , \tag{1}$$

$$f \text{ is } \alpha\text{-quasiconvex}, \tag{2}$$

$$f \text{ is lower semicontinuous}, \tag{3}$$

$$x, y \in X \text{ such that } x \neq y \text{ and } f(x) \precsim f(y), \tag{4}$$

$$\text{there exists } \beta \in (0, 1) \text{ such that } f(y) \prec f(z), \text{ where } z := x\beta y. \tag{5}$$

We shall show that (1), (2), (3), (4), (5) lead to a contradiction. Put

$x^0 := x$ and $y^0 := y$, and for $\tilde{x}, \tilde{y} \in X$ put

$$\begin{matrix}(\tilde{x}, \tilde{y})\\ [\tilde{x}, \tilde{y}]\end{matrix} := \left\{z \in X \mid z = \tilde{x}\gamma\tilde{y} \text{ for some } \gamma \in \begin{matrix}(0, 1)\\ [0, 1]\end{matrix}\right\} . \tag{6}$$

For $i \in N$, the set of natural numbers, let

$$\begin{aligned}&[\hat{x}^i := x^{i-1} \text{ and } \hat{y}^i := x^{i-1}\alpha y^{i-1}] \text{ iff } z \in [x^{i-1}, x^{i-1}\alpha y^{i-1}] ,\\ &[\hat{y}^i := y^{i-1} \text{ and } \hat{x}^i := x^{i-1}\alpha y^{i-1}] \text{ iff } z \in (x^{i-1}\alpha y^{i-1}, y^{i-1}] ,\\ &[x^i := \hat{x}^i \text{ and } y^i := \hat{y}^i] \text{ iff } [f(\hat{x}^i) \precsim f(\hat{y}^i)] ,\\ &[x^i := \hat{y}^i \text{ and } y^i := \hat{x}^i] \text{ iff } [f(\hat{y}^i) \prec f(\hat{x}^i)] .\end{aligned} \tag{7}$$

From (7) it follows that

$$z \in [x^i, y^i] \text{ for all } i \in N . \tag{8}$$

By (2) and (7) we have

$$f(x^i) \precsim f(y^i) \precsim f(y) \text{ for all } i \in N . \tag{9}$$

For any $i \in N$ the relations in (7) yield

$$\begin{aligned}||x^i - y^i|| &= ||\hat{x}^i - \hat{y}^i|| = ||x^{i-1} - \alpha x^{i-1} - (1 - \alpha)\, y^{i-1}|| =\\ &= (1 - \alpha)\, ||x^{i-1} - y^{i-1}||\end{aligned}$$

$$\text{if } z \in [x^{i-1}, x^{i-1}\alpha y^{i-1}] \text{ and} \tag{10}$$

$$\begin{aligned}||x^i - y^i|| &= ||\hat{y}^i - \hat{x}^i|| = ||\hat{x}^i - \hat{y}^i|| =\\ &||\alpha x^{i-1} + (1 - \alpha)\, y^{i-1} - y^{i-1}|| = \alpha\, ||x^{i-1} - y^{i-1}||\end{aligned}$$

if $z \in (x^{i-1}\alpha y^{i-1}, y^{i-1}]$.

Put

$$\bar{\alpha} := \max \{\alpha, 1 - \alpha\} . \tag{11}$$

From (8), (10), (11) we get

$$||x^i - y^i|| \leqq \bar{\alpha} \cdot ||x^{i-1} - y^{i-1}|| \text{ for all } i \in N . \tag{12}$$

Now, by (3),

$$\{u \in X \mid f(y) \prec f(u)\} \text{ is open relative to } X. \tag{13}$$

Hence from (5) it follows that

$$\text{there exists } \varepsilon > 0 \text{ such that } f(y) \prec f(u) \text{ for all } u \in X \text{ such that } ||u - z|| < \varepsilon. \tag{14}$$

In view of (1) and (11) we have

$$0 < \bar{\alpha} < 1 . \tag{15}$$

Since, by (4), $x \neq y$, we may thus choose an $n \in N$ such that

$$\bar{\alpha}^n < \frac{\varepsilon}{||x - y||} . \tag{16}$$

By (8),

$$\text{there exists } \delta \in [0, 1] \text{ such that } z = \delta x^n + (1 - \delta)\, y^n . \tag{17}$$

Hence,

$$\begin{aligned}||x^n - z|| &= ||x^n - \delta x^n - (1 - \delta)\, y^n|| = (1 - \delta) \cdot ||x^n - y^n|| \leqq\\ &\leqq ||x^n - y^n|| .\end{aligned} \tag{18}$$

From (6), (12), (16), (18) it follows that

$$||x^n - z|| \underset{(18)}{\leqq} ||x^n - y^n|| \underset{(12)}{\leqq} \bar{\alpha}^n \cdot ||x^0 - y^0|| \underset{(6)}{=} \bar{\alpha}^n \cdot ||x - y|| \underset{(16)}{<} \varepsilon . \tag{19}$$

This together with (14) yields

$$f(y) \prec f(x^n) , \tag{20}$$

which contradicts (9).

It will be clear from the following result that the assumptions of Theorem 1 above are a genuine weakening of the hypothesis of Theorem 21 in Deák [3].

Theorem 2: *Put* $N_1 := \{1, 3, 5, 7, 9, \ldots\}$, $N_2 := \{2, 4, 6, 8, 10, \ldots\}$, $N_3 := \{3, 5, 7, 9, 11, \ldots\}$ *and let α be a given rational number of the form $\alpha = p/q$, where*

(a) *$p \in N_1$ and $q \in N_3$ such that $p < q$ or*

(b) *$p \in N_2$ and $q \in N_3$ such that $p < q$.*

Define a subset A of $(0, 1)$ *in each case by*

(a) $A := \{x \in (0, 1) \mid x = \frac{r}{q^m}$ *such that* $r \in N_2$ *and* $m \in N\}$ *or*

(b) $A := \{x \in (0, 1) \mid x = \frac{r}{q^m}$ *such that* $r \in N_1$ *and* $m \in N\}$,

respectively. In both cases, define $f:[0, 1] \to [0, 1] \cup \{2\}$ by $f(x) := \begin{matrix} x \text{ for } x \in A \cup \{0, 1\} \\ 2 \text{ for } x \in (0, 1) \setminus A \,. \end{matrix}$
Then f *is* α*-quasiconvex but not* $(1 - \alpha)$*-quasiconvex and therefore not symmetrically* α*-quasiconvex.*

Proof: For both (a) and (b) we have $(1 - \alpha) \cdot 0 + \alpha \cdot 1 = \alpha = p/q \notin A \cup \{0, 1\}$. Hence, $0 = f(0) < f(1) = 1 < 2 = f((1 - \alpha) \cdot 0 + \alpha \cdot 1)$. This proves that f is not $(1 - \alpha)$-quasiconvex.

On the other hand, we get (remember that $q > p$).

$$[y \in A] \Rightarrow \left[\alpha \cdot 0 + (1 - \alpha) \cdot y = \left(1 - \frac{p}{q}\right) \frac{r}{q^m} = \frac{(q - p) \cdot r}{q^{m+1}} \in A\right],$$

since

(a) $[q \in N_3, p \in N_1, r \in N_2] \Rightarrow [q - p \in N_2, r \in N_2] \Rightarrow [(q - p) r \in N_2]$ and

(b) $[q \in N_3, p \in N_2, r \in N_1] \Rightarrow [q - p \in N_1, r \in N_1] \Rightarrow [(q - p) r \in N_1]$;

$$[x \in A] \Rightarrow \left[\alpha x + (1 - \alpha) \cdot 1 = \frac{p}{q} \frac{r}{q^m} + 1 - \frac{p}{q} = \frac{p \cdot r + (q - p) \cdot q^m}{q^{m+1}} \in A\right],$$

since

(a) $[p \in N_1, q \in N_3, r \in N_2] \Rightarrow [p \cdot r \in N_2, q - p \in N_2, q^m \in N_3] \Rightarrow$
$\Rightarrow [p \cdot r \in N_2, (q - p) \cdot q^m \in N_2] \Rightarrow [p \cdot r + (q - p) q^m \in N_2]$

and

(b) $[p \in N_2, q \in N_3, r \in N_1] \Rightarrow [p \cdot r \in N_2, q - p \in N_1, q^m \in N_3] \Rightarrow$
$\Rightarrow [pr \in N_2, (q - p) \cdot q^m \in N_3] \Rightarrow [pr + (q - p)q^m \in N_3 \subset N_1]$;

$[\alpha \cdot 0 + (1 - \alpha) \cdot 0 = 0 \in A \cup \{0, 1\}]$;

$$\left[\alpha \cdot 0 + (1 - \alpha) \cdot 1 = 1 - \frac{p}{q} = \frac{q - p}{q} \in A\right],$$

since $q - p \in N_2$ for (a) and $q - p \in N_1$ for (b);

$[\alpha \cdot 1 + (1 - \alpha) \cdot 1 = 1 \in A \cup \{0, 1\}]$;

$$[x, y \in A] \Rightarrow \left[\alpha x + (1 - \alpha) y = \frac{p}{q} \frac{r}{q^m} + \left(1 - \frac{p}{q}\right) \frac{s}{q^n} = \frac{p \cdot r \cdot q^n + (q - p) \cdot s \cdot q^m}{q^{m+n+1}} \in A\right],$$

since

(a) $[p \in N_1, q \in N_3, r \in N_2, s \in N_2, m \in N, n \in N] \Rightarrow$
$\Rightarrow [p \cdot q^n \cdot r \in N_2, (q - p) \cdot q^m \cdot s \in N_2] \Rightarrow$
$\Rightarrow [prq^n + (q - p) sq^m \in N_2]$

and

(b) $[p \in N_2, q \in N_3, r \in N_1, s \in N_1, m \in N, n \in N] \Rightarrow$
$\Rightarrow [r \cdot q^n \cdot p \in N_2, q - p \in N_1, q^m \in N_3, s \in N_1] \Rightarrow$
$\Rightarrow [p \cdot r \cdot q^n \in N_2, (q - p) \cdot s \cdot q^m \in N_3] \Rightarrow$
$\Rightarrow [p \cdot r \cdot q^n + (q - p) \cdot s \cdot q^m \in N_3 \subset N_1]$.

By definition of f, $[x, y \in [0, 1]$ and $f(x) \leqq f(y)] \Rightarrow$
$\Rightarrow [y \in (0, 1) \setminus A] \vee [x, y \in A \cup \{0, 1\}$ and $x \leqq y]$.

Hence, $f(x) \leqq f(y)$ implies either $y \in (0, 1) \setminus A$, in which case $f(\alpha x + (1 - \alpha) y) \leqq 2 = f(y)$, or $x, y \in A \cup \{0, 1\}$ and $x \leqq y$, from which it follows that $x, \alpha x + (1 - \alpha) y$, $y \in A \cup \{0, 1\}$ and $x \leqq y$, so that again $f(\alpha x + (1 - \alpha) y) = \alpha x + (1 - \alpha) y \leqq y = f(y)$. This shows that f is α-quasiconvex.

It would be interesting to know which properties other than lower semicontinuity guarantee the symmetric α-quasiconvexity of an α-quasiconvex function.

References

1 BEHRINGER, F. A., On KARAMARDIAN's theorem about lower semicontinuous strictly quasiconvex functions, ZOR **23**, 17 – 48 (1979)
2 BEHRINGER, F. A. More on KARAMARDIAN's theorem concerning the quasiconvexity of strictly quasiconvex functions, Paper read at the GAMM Meeting, Wiesbaden, 1979, ZAMM **60** (1980).
3 DEÁK, E., Über konvexe und interne Funktionen sowie eine gemeinsame Verallgemeinerung von beiden, Ann. Univ. Sci., Budapest, Sec. Math. 5, 109 – 154 (1962).

Eingereicht 12. 9. 1978; endgültige Fassung 26. 4. 1979

Anschrift: Professor Dr. FRED ALOIS BEHRINGER, Technische Universität München, Institut für Statistik und Unternehmensforschung, Arcisstraße 21, D-8000 München 2, BRD

ZAMM 60, 202 – 204 (1980)

J. W. SCHMIDT

Monotone Eingrenzung von inversen Elementen durch ein quadratisch konvergentes Verfahren ohne Durchschnittsbildung

1. Zielstellung

Die vorliegende Mitteilung befaßt sich mit der iterativen Nachverbesserung einer Näherung m_0 für das zu bestimmende inverse Element a^{-1} eines vorgegebenen Elementes a durch ein monoton einschließendes Verfahren. Sie bezieht sich unmittelbar auf die kürzlich erschienenen Arbeiten [1] und [2].

Von SCHMIDT ist in [1] für das Verfahren

$$\begin{aligned} x_{n+1} &= m_0 + x_n d_0^+ - y_n d_0^- \,, \\ y_{n+1} &= m_0 + y_n d_0^+ - x_n d_0^- \,, \end{aligned} \tag{1}$$

in dem

$$d_0 = e - a m_0 \tag{2}$$

den Defekt von m_0 bezeichnet, gezeigt worden, daß unter Voraussetzung von

$$x_0 \leqq y_0 \,, \qquad x_0 \leqq x_1 \,, \qquad y_1 \leqq y_0 \tag{3}$$

und

$$\|d_0\| < 1 \text{ und der Existenz von } m_0^{-1} \tag{4}$$

das inverse Element a^{-1} vorhanden ist und die monotone Eingrenzung

$$x_0 \leqq \ldots \leqq x_{n-1} \leqq x_n \leqq a^{-1} \leqq y_n \leqq y_{n-1} \leqq \ldots \leqq y_0 \tag{5}$$

besteht. Gilt weiterhin

$$\| \, |d_0| \, \| < 1 \,, \tag{6}$$

so sind die Folgen (x_n) und (y_n) linear gegen a^{-1} konvergent.

In [2] haben SCHMIDT und NAUBER das Verfahren

$$\begin{aligned} x_{n+1} &= \sup (x_n, u_n) \,, & u_n &= m_n + x_n d_n^+ - y_n d_n^- \,, \\ y_{n+1} &= \inf (y_n, v_n) \,, & v_n &= m_n + y_n d_n^+ - x_n d_n^- \end{aligned} \tag{7}$$

untersucht; hier bezeichnen

$$m_n = \tfrac{1}{2} (y_n + x_n) \,, \qquad d_n = e - a m_n \tag{8}$$

den Mittelpunkt des Intervalles $[x_n, y_n]$ bzw. den zugehörigen Defekt.

Es ist in [2] nachgewiesen worden, daß das Verfahren (7) ebenfalls die Einschließung (5) erzeugt, sofern a invertierbar ist und für die Startelemente

$$x_0 \leqq a^{-1} \leqq y_0 \tag{9}$$

vorausgesetzt wird. Bei weiteren Annahmen ist das Verfahren (7) darüber hinaus quadratisch konvergent.

Bei intervallmäßiger Darstellung kann das Verfahren (7) in der Form

$$[x_{n+1}, y_{n+1}] = [x_n, y_n] \cap [u_n, v_n]$$

geschrieben werden, womit ersichtlich wird, daß im Grunde in jedem Schritt eine Durchschnittsbildung erforderlich ist. In der jetzigen Mitteilung soll aufgezeigt werden, daß diese einen Zusatzaufwand erfordernde Durchschnittsbildung entbehrlich ist. Das zu (7) gehörende Verfahren ohne Durchschnittsbildung

$$x_{n+1} = m_n + x_n d_n^+ - y_n d_n^-$$
$$y_{n+1} = m_n + y_n d_n^+ - x_n d_n^- \tag{10}$$

schließt a^{-1} ebenfalls im Sinne von (5) monoton ein, sofern die bereits beim Verfahren (1) hinreichenden Voraussetzungen (3), (4) erfüllt sind, und im Falle von (6) liegt quadratische Konvergenz vor. Falls sich daher im Verfahren (7) für einen Index m die Ungleichungen $x_m \leqq u_m$ und $v_m \leqq y_m$ einstellen, stimmen die Verfahren (10) und (7) für alle $n \geqq m$ überein.

Es sei erwähnt, daß es bemerkenswert und gleichzeitig vorteilhaft ist, daß Voraussetzungen z. B. der Form

$$d_0 \geqq 0 \qquad \text{oder} \qquad d_0 \leqq 0 \tag{11}$$

nicht erforderlich sind. Während die Berechnung von Startelementen mit den Eigenschaften (3), (4) bei Vorliegen einer hinreichend guten, invertierbaren Näherung für a^{-1} im allgemeinen keine Schwierigkeiten bereitet, ist selbst in diesem günstigen Fall keine Konstruktionsvorschrift für m_0 bekannt, welche für den zugehörigen Defekt d_0 die Eigenschaft (11) absichert.

Für weitere Arbeiten zur Eingrenzung von inversen Elementen sei auf die Literaturangaben in [1] und [2] sowie auf [3] verwiesen.

2. Allgemeine Voraussetzungen

Es bezeichne R einen vollständigen, normierten Ring mit dem Nullelement 0 und einem Einselement e, in welchem außerdem eine Multiplikation mit 1/2 erklärt ist. Die Norm habe im einzelnen die folgenden Eigenschaften:

$$||x|| = 0 \quad \text{genau für} \quad x = 0\,, \qquad ||-x|| = ||x||\,,$$
$$||x + y|| \leqq ||x|| + ||y||\,, \quad ||xy|| \leqq ||x||\,||y||\,, \quad ||\tfrac{1}{2}x|| = \tfrac{1}{2}\,||x||\,.$$

Durch einen abgeschlossenen Kegel $K \subset R$ werde in R durch

$$x \leqq y \quad \text{genau für} \quad y - x \in K$$

eine Halbordnung definiert. Als Forderungen werden an K neben der Abgeschlossenheit

$$K + K \subset K\,, \qquad KK \subset K\,, \qquad K \cap (-K) = \{0\}\,, \quad \tfrac{1}{2}K \subset K$$

gestellt. Norm und Halbordnung seien durch die Forderung der Monotonie miteinander verknüpft:

$$0 \leqq x \leqq y \quad \text{impliziert} \quad ||x|| \leqq ||y||\,.$$

Weiter sei R ein Verband, d. h. für $x, y \in R$ existiere $\sup(x, y) \in R$ und somit auch $\inf(x, y) \in R$. Für $x \in R$ sind daher der Betrag $|x| = \sup(x, -x)$, der Positivteil $x^+ = \sup(x, 0)$ und der Negativteil $x^- = \sup(-x, 0)$ vorhanden, und es gelten u. a.

$$x = x^+ - x^-\,, \qquad |x| = x^+ + x^-\,,$$
$$|x + y| \leqq |x| + |y|\,, \qquad |xy| \leqq |x|\,|y|\,.$$

Es seien $m_0 \in R$ ein vorgegebenes Element und $d_0 = e - am_0$ der zugehörige Defekt. Der durch

$$Tx = m_0 + xd_0\,, \qquad x \in R \tag{12}$$

erklärte Operator T hat offenbar a^{-1} als Fixpunkt, sofern a^{-1} überhaupt existiert. Umgekehrt gilt z. B. im Falle von (4), daß jeder Fixpunkt von T gleich a^{-1} ist (vergleiche [1]).

3. Satz über die monotone Einschließung

Das Verfahren (10) mit den Abkürzungen (8) erfordert pro Schritt 5 Multiplikationen von Elementen. Diese Anzahl kann auf 3 gesenkt werden, da sich das Verfahren (10) mit der zusätzlichen Abkürzung

$$r_n = \tfrac{1}{2}\,(y_n - x_n) \tag{13}$$

für den Radius des Intervalles $[x_n, y_n]$ äquivalent in der Form

$$m_{n+1} = m_n + m_n d_n\,, \qquad r_{n+1} = r_n\,|d_n|$$
$$x_{n+1} = m_{n+1} - r_{n+1}\,, \qquad y_{n+1} = m_{n+1} + r_{n+1} \tag{14}$$

schreiben läßt. Im Falle der anschließend zu bestätigenden monotonen Einschließung (5) folgen damit neben $||r_{n+1}|| \leqq ||r_n||$ als Fehlerabschätzungen

$$|a^{-1} - m_n| \leqq r_n\,, \qquad ||\,|a^{-1} - m_n|\,|| \leqq ||r_n||\,.$$

Außerdem kann bei ausschließlicher Verwendung der Form (14) des Iterationsverfahrens die Forderung an R umgangen werden, daß dort eine mit Norm und Halbordnung verträgliche Multiplikation mit 1/2 erklärt ist.

Einschließungssatz: *Für die Startelemente $x_0 = m_0 - r_0$, $y_0 = m_0 + r_0 \in R$ und die ersten Iterierten gelte* (3), *der Mittelpunkt m_0 sei invertierbar und der Defekt $d_0 = e - am_0$ erfülle* (4). *Dann ist a^{-1} vorhanden, und für die nach dem Verfahren* (10) *berechneten Iterierten ist die monotone Eingrenzung* (5) *gültig.*

Beweis: Der Nachweis von (5) erfolgt induktiv.

Wie in [1] erhält man den Induktionsanfang $n = 1$ durch Anwendung des Banachschen Fixpunktsatzes in vollständigen normierten Ringen auf den Operator T aus (12). Es ist im einzelnen

$$x_1 = m_0 + x_0 d_0^+ - y_0 d_0^- \leqq m_0 + y_0 d_0^+ - x_0 d_0^- = y_1\,,$$

und das Intervall $[x_1, y_1]$ kann gebildet werden; wegen der Abgeschlossenheit von K ist das Intervall ebenfalls abgeschlossen. Für $x \in [x_1, y_1] \subset [x_0, y_0]$ folgt

$$x_1 = m_0 + x_0 d_0^+ - y_0 d_0^- \leqq m_0 + x d_0^+ - x d_0^- = m_0 + x d_0 =$$
$$= Tx \leqq m_0 + y_0 d_0^+ - x_0 d_0^- = y_1\,,$$

womit T das Intervall $[x_1, y_1]$ in sich abbildet. Schließlich ist T wegen

$$||Tx - Ty|| \leqq ||d_0||\,||x - y|| \quad \text{für} \quad x, y \in R$$

und (4) kontrahierend. Somit besitzt T genau einen Fixpunkt $x^* \in [x_1, y_1]$. Nach einer vorangegangenen Bemerkung gilt $x^* = a^{-1}$, und es ist

$$x_0 \leqq x_1 \leqq a^{-1} \leqq y_1 \leqq y_0$$

bestätigt.

Für den Schluß von n auf $n + 1$ wird von der Ungleichungskette

$$x_{n-1} \leqq x_n \leqq a^{-1} \leqq y_n \leqq y_{n-1}$$

ausgegangen. Zunächst ist daher

$$x_{n+1} = m_n + x_n d_n^+ - y_n d_n^- \leqq m_n + a^{-1} d_n^+ - a^{-1} d_n^-$$
$$= m_n + a^{-1} d_n = m_n + a^{-1}(e - am_n) = a^{-1}\,;$$

ebenso folgt $y_{n+1} \geqq a^{-1}$. Aus der Darstellung (14) des Verfahrens ist

$$x_n - x_{n-1} = r_{n-1}(e - |d_{n-1}|) + m_{n-1} d_{n-1}\,,$$
$$y_n - y_{n-1} = -r_{n-1}(e - |d_{n-1}|) + m_{n-1} d_{n-1} \tag{15}$$

ersichtlich. Folglich impliziert die Induktionsvoraussetzung

$$m_{n-1} d_{n-1} \geqq -r_{n-1}(e - |d_{n-1}|)\,, \tag{16}$$

$$m_{n-1} d_{n-1} \leqq r_{n-1}(e - |d_{n-1}|)\,. \tag{17}$$

Durch Multiplikation von (16) mit d_{n-1}^+ und von (17) mit $-d_{n-1}^-$ und anschließender Addition ergibt sich

$$m_{n-1} d_{n-1}^2 \geqq r_{n-1}(-|d_{n-1}| + |d_{n-1}|^2)\,. \tag{18}$$

In gleicher Weise erhält man nach Multiplikation von (16) mit $(d_{n-1}^2)^+$ und von (17) mit $-(d_{n-1}^2)^-$ durch Addition die Ungleichung

$$m_{n-1} d_{n-1}^3 \geqq r_{n-1}(-|d_{n-1}^2| + |d_{n-1}|\,|d_{n-1}^2|)\,. \tag{19}$$

Wie (15) zeigt, ist

$$x_{n+1} - x_n = r_n(e - |d_n|) + m_n d_n\,,$$

woraus unter Berücksichtigung von (14) und $d_n = d_{n-1}^2$ die Darstellung

$$x_{n+1} - x_n = r_{n-1}\,|d_{n-1}|\,(e - |d_{n-1}^2|) + m_{n-1}(e + d_{n-1})\,d_{n-1}^2$$

folgt. Schätzt man hier die letzten Summanden durch (18) und (19) nach unten ab, ergibt sich

$$x_{n+1} - x_n \geqq r_{n-1}(|d_{n-1}|^2 - |d_{n-1}^2|) \geqq 0\,.$$

Zum Nachweis der restlichen Ungleichung $y_{n+1} \leqq y_n$ geht man von

$$y_{n+1} - y_n = -r_n(e - |d_n|) + m_n d_n$$
$$= -r_{n-1}\,|d_{n-1}|\,(e - |d_{n-1}^2|) + m_{n-1}(e + d_{n-1})\,d_{n-1}^2$$

aus. Zur Abschätzung von $m_{n-1} d_{n-1}^2$ nach oben werden die Ungleichung (16) mit $-d_{n-1}^-$ und (17) mit d_{n-1}^+ multipliziert und anschließend addiert:

$$m_{n-1} d_{n-1}^2 \leqq r_{n-1}(|d_{n-1}| - |d_{n-1}|^2)\,. \tag{20}$$

Multipliziert man entsprechend mit $-(d_{n-1}^2)^-$ und $(d_{n-1}^2)^+$, ergibt sich

$$m_{n-1} d_{n-1}^3 \leqq r_{n-1}(|d_{n-1}^2| - |d_{n-1}|\,|d_{n-1}^2|)\,. \tag{21}$$

Durch Einsetzen von (20) und (21) in die letzte Gleichung erhält man

$$y_{n+1} - y_n \leqq -r_{n-1}(|d_{n-1}|^2 - |d_{n-1}^2|) \leqq 0 .$$

Damit ist der Beweis des Einschließungssatzes vollständig, denn es konnte insgesamt als Induktionsbehauptung

$$x_n \leqq x_{n+1} \leqq a^{-1} \leqq y_{n+1} \leqq y_n$$

hergeleitet werden.

Konvergenzaussage: *Der Defekt d_0 des Mittelpunktes m_0 zu den Startelementen x_0 und y_0 erfülle* (6). *Dann sind die Folgen (x_n) und (y_n) aus dem Verfahren* (10) *quadratisch gegen a^{-1} konvergent.*

Der Beweis dieser Aussage kann wie in [2] ohne Bezug auf den obigen Einschließungssatz geführt werden.

Der Einschließungssatz und die Konvergenzaussage sind ebenfalls für das Verfahren

$$m_{n+1} = m_n \sum_{\nu=0}^{s+1} d_n^{\nu}, \quad r_{n+1} = r_n |d_n^{s+1}| \tag{22}$$

$$x_{n+1} = m_{n+1} - r_{n+1}, \quad y_{n+1} = m_{n+1} + r_{n+1}$$

mit $s \in \{0, 1, 2, \ldots\}$ gültig. Darüber hinaus kann für die Konvergenzordnung der Wert $s + 2$ bestätigt werden. Für $s = 0$ stimmt (22) mit dem Verfahren (10) überein.

Die Konstruktion von geeigneten Startgrößen x_0 und y_0 im Ring der reellen (N, N)-Matrizen mit der natürlichen Halbordnung und z. B. der Zeilensummennorm wird aus [1] übernommen. Es bezeichne c eine Matrix mit positiven Elementen,

$$c_{ik} = (c)_{ik} > 0 \quad \text{für} \quad i, k = 1, \ldots, N .$$

Als Näherung für a^{-1} sei eine Matrix m_0 bekannt. Falls nun die Matrix $c - c|d_0|$ mit dem Defekt $d_0 = e - am_0$ nur positive Elemente besitzt, erfüllen die Matrizen

$$x_0 = m_0 - \xi c , \qquad y_0 = m_0 + \xi c$$

mit der nichtnegativen Zahl

$$\xi = \max_{i,k=1,\ldots,N} \frac{(|m_0 d_0|)_{ik}}{(c - c|d_0|)_{ik}}$$

die Voraussetzung (3) für die Iteration (10). Außerdem gilt, wie es hier erforderlich ist, $x_0 + y_0 = 2m_0$.

Nachtrag bei der Korrektur: Beim Einschließungssatz zum Verfahren (10) kann wie W. Burmeister bemerkte, der Nachweis der zur Induktionsbehauptung gehörenden Ungleichungen

$$x_n \leqq x_{n+1}, \quad y_{n+1} \leqq y_n$$

rechnerisch einfacher geführt werden, wenn man ihre Gleichwertigkeit mit

$$|m_{n+1} - m| \leqq r_n - r_{n+1}$$

berücksichtigt. Im einzelnen folgert man mit Hilfe der Induktionsvoraussetzung und der Form (14) der Iterationsvorschrift

$$m_{n+1} - m_n = m_n d_n = (m_{n-1} + m_{n-1} d_{n-1})\, d_{1-n}^2$$
$$= (m_n - m_{n-1})\,(d_{n-1} + d_{1-n}^2) ,$$
$$|m_{n+1} - m_n| \leqq (r_{n-1} - r_n)\,(|d_{n-1}| + |d_{n-1}|^2) = r_n - r_n\,|d_{n-1}|^2 \leqq$$
$$\leqq r_n - r_n\,|d_{n-1}^2| = r_n - r_n\,|d_n| = r_n - r_{n+1} .$$

Literatur

1 SCHMIDT, J. W., Einschließung inverser Elemente durch Fixpunktverfahren, Numer. Math. **31**, 313–320 (1978).

2 SCHMIDT, J. W.; NAUBER, W., Über ein Verfahren zur zweiseitigen Approximation inverser Elemente, Computing **17**, 59–67 (1976).

3 ALEFELD, G.; HERZBERGER, J.: Einführung in die Intervallrechnung. Mannheim-Wien-Zürich: Bibliographisches Institut 1974,

Eingereicht: 24. 5. 1979

Anschrift: Prof. Dr. J. W. SCHMIDT, TU Dresden, Sektion Mathematik, DDR-8027 Dresden, Mommsenstr. 13

ZAMM 60, 204 (1980)

L. v. WOLFERSDORF

A Counter Example to the Maximum Principle of Pontryagin for a Class of Distributed Parameter Systems

In chemical engineering literature there is some recent interest and discussion about the maximum principle for optimal control problems with partial differential equation systems of first order describing catalytic reactors where the catalyst changes with time. In particular, numerical calculations of a class of such processes by F. GRUYAERT and C. M. CROWE [1], [2] show that in general the strong form of the maximum principle is not valid for the often used so-called quasi steady approximation of such processes if the control function depends on time only and furthermore that in this case the applicability of the quasi steady approximation is questionable at all (Cf. also the author's paper [3]).

In this short note we will give a simple purely mathematical analytic counter example to the strong form of the maximum principle for the quasi steady approximation, which completes the more realistic but only numerical example of GRUYAERT and CROWE.

To this aim we consider the differential system

$$\frac{\partial p}{\partial x} = g(u)\, p - \frac{K}{L}\, u g(u)\, q + \frac{K}{L}\, u , \quad \frac{\partial q}{\partial t} = 0 \quad \text{in} \quad D = (0, L) \times (0, T) \tag{1}$$

with initial conditions

$$p(0, t) = 1 \quad \text{in} \quad (0, T) , \qquad q(x, 0) = x \quad \text{in} \quad (0, L) , \tag{2}$$

where $u = u(t)$ is the control function, K is a positive constant to be specified later and

$$g(u) = -\left(u - \frac{1}{4}\right)^2 + \frac{1}{16} . \tag{3}$$

Then, $q(x, t) = x$ and

$$p(x, t) = e^{g(u)x} + \frac{K}{L}\, ux \tag{4}$$

with $p(L, t) = e^{g(u)L} + Ku$.

If $L \leqq 8/9$ and

$$K > 1 - e^{-L/2} \tag{5}$$

the function $h(u) = e^{g(u)L} + Ku$ is concave in $[0, 1]$ with $h(1) > h(0)$. Therefore, the functional

$$J = \int_0^T p(L, t)\, dt \tag{6}$$

in the class of bounded measurable (or piecewise continuousl control functions $u = u(t)$ with values in the interval $[0, 1]$ wil) obviously be minimized by the admissible control function $u_0(t) \equiv 0$ with corresponding state function $p_0(x, t) \equiv 1$.

The corresponding adjoint differential system has the simple form

$$\frac{\partial r}{\partial x} = 0 , \quad \frac{\partial s}{\partial t} = 0 \quad \text{in} \quad D = (0, L) \times (0, T) \tag{7}$$

with final conditions

$$r(L, t) = 1 \quad \text{in} \quad (0, T) , \qquad s(x, T) = 0 \quad \text{in} \quad (0, L) , \tag{8}$$

which yields $r(x, t) \equiv 1$, $s(x, t) \equiv 0$ and the H-function

$$H(t, u) = -\int_0^L \left\{g(u) - \frac{K}{L}\, ug(u)\, x + \frac{K}{L}\, u\right\} dx$$
$$= -L\left\{g(u) - \frac{K}{2}\, ug(u) + \frac{K}{L}\, u\right\}$$

with $H(t, 0) = 0$ and $H(t, 1) = -L\left\{-\frac{1}{2} + \frac{K}{4} + \frac{K}{L}\right\}$. Therefore, if

$$K < \frac{2L}{L + 4} \tag{10}$$

the function H has only a local maximum for $u_0 = 0$ and not a global one as it is required in the strong maximum principle.

But because of

$$1 - e^{-L/2} < \frac{2L}{L + 4} \quad \text{as} \quad L > 0 \tag{11}$$

a suitable choice of a corresponding value of K satisfying (5) and (10) together is always possible for $0 < L \leqq 8/9$.

1 GRUYAERT, F.; CROWE, C. M., On the optimization of distributed parameter systems with boundary control: A counter example for the maximum Principle, AIChE Journal **20**, 1124–1130 (1974).

2 GRUYAERT, F.; CROWE, C. M., On the optimization by boundary control of tubular reactors with catalyst decay, AIChA Journal **22**, 985–989 (1976).

3 v. WOLFERSDORF, L., Zum Maximum-Prinzip von PONTRJAGIN für eine Klasse partieller Differentialgleichungssysteme 1. Ordnung, ZAMM **58**, 261–269 (1978).

Anschrift: Prof. Dr. L. v. WOLFERSDORF, Bergakademie Freiberg, Sektion Mathematik, DDR-9200 Freiberg, Akademiestr. 6

ZAMM 60, 205 (1980)

W. BRANDENBUSCH

Die Anzahl linear unabhängiger Matrizen X, die mit einer bestimmten Matrix A kommutieren, ausgedrückt in den Weyrschen Charakteristiken

1. Einleitung

Die Frage nach der Anzahl N linear unabhängiger Matrizen X, die mit einer fest vorgegebenen Matrix A kommutieren, ist in [1] angegeben zu

$$N = i_1 + 3i_2 + 5i_3 + 7i_4 + \dots \tag{1}$$

Dabei ist i_j der Grad des j-ten Invariantenteilers $\psi_j(\lambda)$ der Matrix A.

Die Kommutativität von Matrizen steht häufig zur Debatte, da kommutative Matrizen besonders gutartige Eigenschaften haben. Es sei z. B. an das Theorem von BAKER, CAMPBELL und HAUSSDORFF erinnert [2; S. 32], wonach $\exp(A + B) = \exp(A)\exp(B)$ nur gilt, wenn A und B kommutieren. Als Beispiel für Fragen im Zusammenhang mit nichtlinearen Systemen in Zustandsvariablendarstellung sei [3] und [4] angegeben.

2. Bezeichnungen

Die Elementarteilerexponenten von A seien mit m_{kj} bezeichnet [5; S. 181 und S. 253]. Der Index k bezeichnet die Zugehörigkeit des Exponenten zum k-ten Eigenwert λ_k. Der Index j markiert die Nummer des Invariantenteilers, dem der Elementarteiler mit dem Exponenten m_{kj} angehört (SEGREsche Charakteristik [5; S. 241]). Es gilt für den Invariantenteilergrad:

$$i_j = \sum_k m_{kj} \, . \tag{2}$$

Die WEYR*schen Charakteristiken* seien mit n_{ki} bezeichnet [5; S. 253]. Die „Umcodierung" der (WEIERSTRASSschen) Elementarteilerexponenten in die WEYRschen Charakteristiken erfolgt nach einem Punktschema [5; S. 252]. Es gehören beispielsweise zum Eigenwert λ_k die Exponenten

$$\begin{aligned} m_{k1} &= 4 \quad . \; . \; . \; . \\ m_{k2} &= 2 \quad . \; . \, , \\ m_{k3} &= 2 \quad . \; . \end{aligned} \tag{3}$$

dann ergeben sich die WEYRschen Charakteristiken zu $3 = n_{k1}$; $3 = n_{k2}$; $1 = n_{k3}$, $1 = n_{k4}$ als vertikale Punktanzahl.

3. Die Anzahl N ausgedrückt in den WEYRschen Charakteristiken

Zunächst sei an die Gültigkeit von

$$a^2 = 1 + 3 + 5 + \dots + (2a - 1) \tag{4}$$

erinnert. Dann wird (2) in (1) eingesetzt:

$$N = \sum_k (m_{k1} + 3m_{k2} + 5m_{k3} + \dots) \, . \tag{5}$$

Jetzt stelle man sich m_{kj} als Summe von m_{kj} Einsen vor. Das ergibt das Schema:

$$\begin{aligned} N = \sum_{k=1} \{ \quad & (1 + 1 + 1 + \dots) \\ & + 3(1 + 1 + \dots \quad) \\ & + 5(1 + \dots \quad\quad)\} \, . \\ & \vdots \end{aligned} \tag{6}$$

Jede „1" in (6) entspricht einem Punkt in (3); in vertikaler Richtung stehen also n_{ki} Einsen, die zusammen mit (4) den gesuchten Ausdruck

$$N = \sum_k \sum_i (n_{ki})^2 \tag{7}$$

liefern.

4. Beispiele

a) Die Einheitsmatrix E hat zum Eigenwert 1 die eine einzige WEYRsche Charakteristik n, wenn n die Ordnung von E ist. Nach (7) kommutiert E also mit $N = n^2$ linear unabhängigen Matrizen, d. h. — wie erwartet — mit jeder anderen Matrix.

b) Aus der Definitionsgleichung $P^2 = P$ von Projektionen P [6; S. 18] folgt sofort, daß P zwei WEYRsche Charakteristiken hat: n_1, den Rangabfall von $P - E$, und n_0, den Rangabfall von P selbst. Projektionen kommutieren also mit $N = n_1^2 + n_0^2$ linear unabhängigen Matrizen. Die Anzahl ergibt sich sofort aus den Nullraumdimensionen von P und $P - E$.

5. Abschließender Kommentar

Die Darstellung der Zahl N über die WEYRschen Charakteristiken ergibt einen „symmetrischen" Ausdruck: Die Charakteristiken treten als Quadratsumme gleichberechtigt auf. Dies ist ein erster Vorteil gegenüber der GANTMACHERschen Gleichung (1), in die die Invariantenteilergrade eingehen. In dieser Gleichung sind die Invariantenteilergrade verschieden gewichtet, obwohl bei Gleichheit zweier Invariantenteiler die Numerierung dieser durchaus vertauschbar ist.

Ein anderer Vorteil ist die Praktikabilität der Formel (7): Die Rangabfälle der charakteristischen Matrix $A - \lambda E$ und ihrer Potenzen, damit also die WEYRschen Charakteristiken, fallen bei der Untersuchung einer Matrix leichter und früher an als die Elementarteilerexponenten und die Invariantenteilergrade.

Literatur

1 GANTMACHER, F. R., Matrizenrechnung I, VEB Deutscher Verlag der Wissenschaften Berlin 1965, aus dem Russischen.
2 BROCKETT, R. W., Finite Dimensional Linear Systems, John Wiley and Sons Inc, New York-London-Sydney-Toronto 1970.
3 BRANDENBUSCH, W., Steuerbare Filter mit kommutativen Systemmatrizen, AEÜ, Heft 4 (1978).
4 BRANDENBUSCH, W., Parametergesteuerte Systeme mit geschlossener Lösbarkeit, Regelungstechnik, Heft 7 (1979).
5 ZURMÜHL, R., Matrizen, Springer-Verlag, Berlin 1964, 6. Aufl.
6 GANTMACHER, F. R., Matrizenrechnung II, VEB Deutscher Verlag der Wissenschaften, Berlin 1971.

Eingereicht: 23. 4. 1979, revidierte Fassung: 10. 9. 1979

Anschrift: Dipl.-Ing. WOLFGANG BRANDENBUSCH, Universität Karlsruhe, Institut für Nachrichtensysteme, Kaiserallee 12, D-7500 Karlsruhe, BRD

ZAMM 60, 205–206 (1980)

J. BAUMGARTE

Einbau nichtholonomer Nebenbedingungen in die Dissipationsfunktion

Wenn man nichtholonome Bedingungen der Form $g_\beta(q_i, \dot q_i, t) = 0$ mit Multiplikatoren μ_β der Dissipationsfunktion zufügt, kann die Lagrange-Formulierung, welche nichtkonservative Kräfte aus einer Dissipationsfunktion herleitet, benutzt werden.

Die Bewegungsgleichungen mechanischer Systeme lassen sich bekanntlich in folgender Form schreiben:

$$\frac{\mathrm{d}}{\mathrm{d}t}\left(\frac{\partial L}{\partial \dot q_i}\right) - \frac{\partial L}{\partial q_i} + \frac{\partial D}{\partial \dot q_i} = 0 \, , \quad i = 1, 2, \dots, n; \; \cdot \; = \frac{\mathrm{d}}{\mathrm{d}t} \, . \tag{1}$$

Dabei bedeuten

q_i: generalisierte Koordinaten; t: Zeit; $L = L(q_i, \dot q_i, t)$: LAGRANGE-Funktion; $D = D(q_i, \dot q_i, t)$: Dissipationsfunktion (in der allgemeinen Form von LUR'E, vergl. [1]).

Es ist bekannt, daß man holonome Nebenbedingungen der Gestalt

$$f_\alpha = f_\alpha(q_i, t) = 0 \, , \qquad \alpha = 1, 2, \dots, r \tag{2}$$

leicht berücksichtigen kann, indem man in (1) L durch eine neue LAGRANGE-Funktion

$$\mathcal{L}(q_i, \dot q_i, t; \lambda_\alpha) = L(q_i, \dot q_i, t) - \sum_{\alpha=1}^{r} \lambda_\alpha f_\alpha(q_i, t) \tag{3}$$

ersetzt; die LAGRANGEschen Multiplikatoren λ_α sind r neue Variable. Analog kann man bei nichtholonomen Nebenbedingungen der Form

$$g_\beta = g_\beta(q_i, \dot q_i, t) = 0\,, \qquad \beta = 1, 2, \dots, s\,, \tag{4}$$

wobei die g_β auch nichtlinear in den $\dot q_i$ sein können, vorgehen. Man ersetzt in (1) D durch eine neue Dissipationsfunktion

$$\mathcal{D}(q_i, \dot q_i, t; \dot\mu_\beta) = D(q_i, \dot q_i, t) + \sum_{\beta=1}^{s} \dot\mu_\beta g_\beta(q_i, \dot q_i, t)\,, \tag{5}$$

wobei die μ_β ebenfalls neue Variable sind.

Der verallgemeinerte LAGRANGE-Formalismus liefert dann folgende Bewegungsgleichungen:

$$\delta q_i\colon \frac{\mathrm{d}}{\mathrm{d}t}\left(\frac{\partial L}{\partial \dot q_i}\right) - \frac{\partial L}{\partial q_i} + \frac{\partial D}{\partial \dot q_i} + \sum_\alpha \lambda_\alpha \frac{\partial f_\alpha}{\partial q_i} + \sum_\beta \dot\mu_\beta \frac{\partial g_\beta}{\partial \dot q_i} = 0\,, \tag{6a}$$

$$\delta\lambda_\alpha\colon -\frac{\partial L}{\partial \lambda_\alpha} = f_\alpha = 0\,, \tag{6b}$$

$$\delta\mu_\beta\colon \frac{\partial \mathcal{D}}{\partial \dot\mu_\beta} = g_\beta = 0\,. \tag{6c}$$

An den Gleichungen (5) und (6a, c) erkennt man den nichtkonservativen Charakter der nichtholonomen Bindungen $g_\beta = 0$.

Auch wenn die Bindungen $g_\beta = 0$ nichtlinear in den generalisierten Geschwindigkeiten $\dot q_i$ sind, erhält man durch obigen Formalismus die gleichen Bewegungsgleichungen wie über das GAUSSsche Prinzip des kleinsten Zwanges. Während nichtholonome Nebenbedingungen der Gestalt $\sum_i a_{\beta i}\dot q_i = 0$, $a_{\beta i} = a_{\beta i}(q_k)$ die Energie nicht verändern, haben allgemeine nichtholonome Nebenbedingungen (nichtlinear in den Geschwindigkeiten $\dot q_i$) echt dissipativen bzw. energieverändernden Charakter.

Literatur

1 ROSENBERG, REINHARDT, M., Analytical Dynamics of Discrete Systems, Plenum Press, New York/London, 1977.

Eingereicht am 20. 6. 1979

Anschrift: Prof. Dr.-Ing. J. BAUMGARTE, Mechanik-Zentrum der Technischen Universität Braunschweig, D-3300 Braunschweig, BRD

ZAMM 60, 206–209 (1980)

G. HABERLAND

Die Auswertung spannungsoptischer Plattenuntersuchungen in Polarkoordinaten

1. Einleitung

Mit Hilfe des Zweischichtverfahrens lassen sich bei elastischen Platten, die auf Biegung beansprucht werden, spannungsoptisch die maximalen Torsionsmomente, d. h. die Differenzen der Hauptbiegemomente, und die Richtungen der Hauptbiegemomente messen. Zur Bestimmung der einzelnen Biegemomente durch Integration — ausgehend von bekannten Randwerten — sind zwischen den örtlichen Ableitungen der Biege- und Torsionsmomente Beziehungen herzustellen, die in der Form den Gleichgewichtsbeziehungen des ebenen Spannungszustandes entsprechen und auch entsprechend gehandhabt werden können. Dazu müssen die Querkräfte in den Gleichgewichtsbeziehungen für die Momente eliminiert werden. Für rechteckige und schiefwinklige Platten sind derartige Auswerteverfahren bereits abgeleitet und an verschiedenen Beispielen erprobt worden ([1] bis [6]). Bei Kreisplatten ist es zweckmäßig, auf Polarkoordinaten überzugehen. Es sollen im folgenden derartige Auswertebeziehungen für den allgemeinen nichtrotationssymmetrischen Belastungsfall angegeben werden. Wir bewegen uns dabei im Rahmen der KIRCHHOFFschen Plattentheorie und betrachten zunächst Platten mit konstanter Dicke, danach Platten mit ortsveränderlicher Dicke bzw. ortsveränderlicher Biegesteifigkeit. Für Kreisplatten mit konstanter Dicke wurden die hier mit Variante 1 bezeichneten Auswertebeziehungen bereits von LAERMANN angegeben und bei der Auswertung des Sonderfalls der frei drehbar gelagerten Kreisplatte mit mittiger Einzellast angewendet [7].

2. Die Plattenbeziehungen in Polarkoordinaten

Für die Biegemomente M_r, M_φ und das Torsionsmoment $T_{r\varphi}$ gelten in Polarkoordinaten (r, φ) die Beziehungen

$$\begin{aligned} M_r &= -B\left[\frac{\partial^2 w}{\partial r^2} + \mu\left(\frac{1}{r^2}\frac{\partial^2 w}{\partial \varphi^2} + \frac{1}{r}\frac{\partial w}{\partial r}\right)\right],\\ M_\varphi &= -B\left[\frac{1}{r^2}\frac{\partial^2 w}{\partial \varphi^2} + \frac{1}{r}\frac{\partial w}{\partial r} + \mu\frac{\partial^2 w}{\partial r^2}\right],\\ T_{r\varphi} &= -(1-\mu)\,B\,\frac{\partial}{\partial r}\left(\frac{1}{r}\frac{\partial w}{\partial \varphi}\right)\\ &= -(1-\mu)\,B\left(\frac{1}{r}\frac{\partial^2 w}{\partial r\,\partial \varphi} - \frac{1}{r_2}\frac{\partial w}{\partial \varphi}\right), \end{aligned} \tag{1}$$

mit der Biegesteifigkeit

$$B = \frac{Eh^3}{12(1-\mu^2)}\,.$$

Es bedeuten: E Elastizitätsmodul, μ POISSONsche Konstante, h Plattendicke, w Plattendurchbiegung.

Das Gleichgewicht gegenüber einer Drehung um die r-Achse und um die dazu senkrechte Achse wird durch folgende beiden Momentengleichungen beschrieben:

$$\frac{\partial M_r}{\partial r} + \frac{1}{r}\frac{\partial T_{r\varphi}}{\partial \varphi} + \frac{M_r - M_\varphi}{r} = Q_{rz}\,, \tag{2}$$

$$\frac{\partial T_{r\varphi}}{\partial r} + \frac{1}{r}\frac{\partial M_\varphi}{\partial \varphi} + \frac{2T_{r\varphi}}{r} = Q_{\varphi z}\,. \tag{3}$$

Q_{rz} und $Q_{\varphi z}$ sind die Querkräfte. Sie stehen im Gleichgewicht mit der Belastung $p(r, \varphi)$, was durch folgende Gleichgewichtsbeziehung ausgedrückt wird:

$$\frac{\partial}{\partial r}(rQ_{rz}) + \frac{\partial Q_{\varphi z}}{\partial \varphi} + pr = 0\,. \tag{4}$$

Die Gleichgewichtsbeziehungen (2), (3) und (4) der Platte lassen sich aus den allgemeinen Gleichgewichtsbeziehungen des räumlichen Spannungszustandes herleiten. Die Gleichungen (1) bis (4) gelten auch im Falle ortsveränderlicher Dicke bzw. Biegesteifigkeit.

3. Platten mit konstanter Dicke

3.1 Beziehungen zwischen den Ableitungen der Biege- und Torsionsmomente

Durch Einsetzen der Ausdrücke für die Momente aus den Gleichungen (1) bzw. deren Differentialausdrücke in die Gleichgewichtsbeziehungen (2) und (3) erhält man für die Querkräfte

$$Q_{rz} = -B\frac{\partial}{\partial r}\Delta w \quad \text{und} \quad Q_{\varphi z} = -B\frac{1}{r}\frac{\partial}{\partial \varphi}\Delta w \tag{5}$$

mit

$$\Delta \equiv \frac{\partial^2}{\partial r^2} + \frac{1}{r}\frac{\partial}{\partial r} + \frac{1}{r^2}\frac{\partial^2}{\partial \varphi^2}\,.$$

Setzt man diese Ausdrücke in die Gleichgewichtsbeziehung (4) ein, so erhält man die bekannte Plattengleichung

$$\Delta\Delta w = \frac{p(r, \varphi)}{B}\,. \tag{6}$$

Um Auswertebeziehungen für spannungsoptische Untersuchungen zu erhalten, müssen Beziehungen zwischen den Ableitungen der Biege- und Torsionsmomente hergestellt werden, in denen die Querkräfte nicht vorkommen. Wir führen zunächst die Momentensumme ein. Für diese folgt aus den Gleichungen (1)

$$M = \frac{M_r + M_\varphi}{1+\mu} = -B\,\Delta w\,. \tag{7}$$

Somit können wir für die Querkräfte schreiben

$$\begin{aligned} Q_{rz} &= \frac{\partial M}{\partial r} = \frac{1}{1+\mu}\frac{\partial}{\partial r}(M_r + M_\varphi)\,,\\ Q_{\varphi z} &= \frac{1}{r}\frac{\partial M}{\partial \varphi} = \frac{1}{(1+\mu)r}\frac{\partial}{\partial\varphi}(M_r + M_\varphi)\,. \end{aligned} \tag{8}$$

Diese Ausdrücke können wir in die Gleichgewichtsbeziehungen (2) und (3) einsetzen und erhalten

$$\frac{\partial}{\partial r}(M_\varphi - \mu M_r) = (1+\mu)\left(\frac{\partial T_{r\varphi}}{r\,\partial\varphi} + \frac{M_r - M_\varphi}{r}\right), \tag{9}$$

$$\frac{\partial}{\partial\varphi}(M_r - \mu M_\varphi) = (1+\mu)\left(r\frac{\partial T_{r\varphi}}{\partial r} + 2T_{r\varphi}\right). \tag{10}$$

Wenn wir noch die Ersatzmomente

$$\begin{aligned} m_\varphi &= M_\varphi - \mu M_r = -(1-\mu^2)\,B\left(\frac{1}{r^2}\frac{\partial^2 w}{\partial\varphi^2} + \frac{1}{r}\frac{\partial w}{\partial r}\right),\\ m_r &= M_r - \mu M_\varphi = -(1-\mu^2)\,B\frac{\partial^2 w}{\partial r^2} \end{aligned} \tag{11}$$

einführen, können wir schließlich schreiben

$$\frac{\partial m_\varphi}{\partial r} = (1+\mu)\left(\frac{\partial T_{r\varphi}}{r\,\partial\varphi} + \frac{M_r - M_\varphi}{r}\right), \tag{12}$$

$$\frac{\partial m_r}{\partial\varphi} = (1+\mu)\left(r\frac{\partial T_{r\varphi}}{\partial r} + 2T_{r\varphi}\right). \tag{13}$$

3.2 Die Bestimmung der einzelnen Biegemomente aus den spannungsoptischen Meßgrößen

Die spannungsoptischen Meßgrößen sind die maximalen Torsionsmomente bzw. die Differenzen der Hauptbiegemomente

$$T_{\max} = \frac{M_1 - M_2}{2} \tag{14}$$

und die Richtungen α der Hauptbiegemomente, bezogen z. B. auf die Horizontale. Die maximalen Torsionsmomente ergeben sich aus Messungen der optischen Gangunterschiede (Isochromaten), die Richtungen der Hauptbiegemomente aus den Isoklinen. Was die Einzelheiten der Herstellung und Untersuchung von Zweischichtplatten anbelangt, so kann auf die angegebene Literatur verwiesen werden ([1]—[6]). Dort sind auch die erforderlichen Eichversuche beschrieben. (Auch die frei drehbar gelagerte Kreisplatte mit mittiger Einzellast, die von LAERMANN untersucht wurde [7], ist als Eichmodell geeignet, da über die gesamte Plattenfläche $T_{r\varphi} = 0$ und $T_{\max} = \text{const}$ gilt.) Damit lassen sich folgende Größen unmittelbar errechnen:

$$T_{r\varphi} = T_{\max}\sin 2(\alpha - \varphi) \tag{15}$$

$$M_r - M_\varphi = 2T_{\max}\cos 2(\alpha - \varphi)\,. \tag{16}$$

Integration in Richtung r

Das Ersatzmoment m_φ wird durch Integration in Richtung r mit Hilfe von Gl. (12) bestimmt. Es gibt dafür zwei Varianten, je nachdem, ob wir die Differentiation von $T_{r\varphi}$ nach φ vorher ausführen oder nicht.

Variante 1

Durch Integration von Gl. (12) folgt

$$m_\varphi = m_{\varphi 0} + (1+\mu)\int_{P_0}^{P}\left(\frac{\partial T_{r\varphi}}{r\,\partial\varphi} + \frac{M_r - M_\varphi}{r}\right)\mathrm{d}r\,. \tag{17}$$

Für die praktische Durchführung wird die Differenzenschreibweise benutzt:

$$m_\varphi = m_{\varphi 0} + (1+\mu)\sum\left(\frac{1}{r}\frac{\Delta T_{r\varphi}}{\Delta\varphi} + \frac{M_r - M_\varphi}{r}\right)\Delta r\,. \tag{18}$$

Variante 2

Die Differentiation von $T_{r\varphi}$ nach φ ergibt

$$\frac{\partial T_{r\varphi}}{\partial\varphi} = \frac{\partial T_{\max}}{\partial\varphi}\sin 2(\alpha-\varphi) + 2T_{\max}\cos 2(\alpha-\varphi)\frac{\partial\alpha}{\partial\varphi} - 2T_{\max}\cos 2(\alpha-\varphi). \tag{19}$$

Setzen wir diesen Ausdruck in Gl. (12) ein, dann erhalten wir unter Berücksichtigung von Gl. (16)

$$\frac{\partial m_\varphi}{\partial r} = (1+\mu)\left[\frac{\partial T_{\max}}{r\,\partial\varphi}\sin 2(\alpha-\varphi) + \frac{M_r - M_\varphi}{r}\frac{\partial\alpha}{\partial\varphi}\right]. \tag{20}$$

Die Integration liefert

$$m_\varphi = m_{\varphi 0} + (1+\mu)\times\int_{P_0}^{P}\left[\frac{\partial T_{\max}}{r\,\partial\varphi}\sin 2(\alpha-\varphi) + \frac{M_r - M_\varphi}{r}\frac{\partial\alpha}{\partial\varphi}\right]\mathrm{d}r \tag{21}$$

oder in Differenzenschreibweise

$$m_\varphi = m_{\varphi 0} + (1+\mu)\times\sum\left[\frac{\Delta T_{\max}}{r\,\Delta\varphi}\sin 2(\alpha-\varphi) + \frac{M_r - M_\varphi}{r}\frac{\Delta\alpha}{\Delta\varphi}\right]\Delta r\,. \tag{22}$$

In beiden Fällen gehen also auch die Meßwerte auf dem Integrationsweg selbst in die Rechnung ein, bei den beiden Varianten jedoch auf unterschiedliche Weise.

Integration in Richtung φ

Das Ersatzmoment m_r wird durch Integration in der zu r senkrechten Richtung mit Hilfe von Gl. (13) bestimmt. Es gibt hierfür wiederum zwei Varianten.

Variante 1

Durch Integration von Gl. (13) folgt

$$m_r = m_{r0} + (1+\mu)\int_{P_0}^{P}\left(r\frac{\partial T_{r\varphi}}{\partial r} + 2T_{r\varphi}\right)\mathrm{d}\varphi \tag{23}$$

oder in Differenzenschreibweise

$$m_r = m_{r0} + (1+\mu)\sum\left(r\frac{\Delta T_{r\varphi}}{\Delta r} + 2T_{r\varphi}\right)\Delta\varphi\,. \tag{24}$$

Variante 2

Die vorherige Differentiation von $T_{r\varphi}$ nach r ergibt

$$\frac{\partial T_{r\varphi}}{\partial r} = \frac{\partial T_{\max}}{\partial r}\sin 2(\alpha-\varphi) + 2T_{\max}\cos 2(\alpha-\varphi)\frac{\partial\alpha}{\partial r}. \tag{25}$$

Setzen wir diesen Ausdruck in Gl. (13) ein, dann erhalten wir wieder unter Berücksichtigung von Gl. (16)

$$\frac{\partial m_r}{\partial\varphi} = (1+\mu)\left\{r\left[\frac{\partial T_{\max}}{\partial r}\sin 2(\alpha-\varphi) + (M_r - M_\varphi)\frac{\partial\alpha}{\partial r}\right] + 2T_{r\varphi}\right\}. \tag{26}$$

Die Integration liefert

$$m_r = m_{r0} + (1+\mu)\times\int_{P_0}^{P}\left\{r\left[\frac{\partial T_{\max}}{\partial r}\sin 2(\alpha-\varphi) + (M_r - M_\varphi)\frac{\partial\alpha}{\partial r}\right] + 2T_{r\varphi}\right\}\mathrm{d}\varphi \tag{27}$$

oder in Differenzenschreibweise

$$m_r = m_{r0} + (1+\mu) \times$$
$$\times \sum \left\{ r \left[\frac{\Delta T_{\max}}{\Delta r} \sin 2(\alpha - \varphi) + (M_r - M_\varphi) \frac{\Delta\alpha}{\Delta r} \right] + 2T_{r\varphi} \right\} \Delta\varphi \,. \tag{28}$$

Auch bei der Bestimmung von m_r gehen in beiden Fällen die Meßwerte auf dem Integrationsweg selbst in die Rechnung ein. Wir erwähnen dies deshalb, weil es in kartesischen Koordinaten ohne vorherige Differentiation der Torsionsmomente nicht der Fall ist.

Die Integrationskonstanten $m_{\varphi 0}$ und m_{r0} ergeben sich aus bekannten Ausgangs- oder Randwerten.

Wird nur ein Ersatzmoment durch Integration bestimmt, dann läßt sich das andere berechnen. Es ist

$$m_r - m_\varphi = (1+\mu)(M_r - M_\varphi) \tag{29}$$

bzw. mit Gl. (16)

$$m_r - m_\varphi = (1+\mu)\, 2T_{\max} \cos 2(\alpha - \varphi) \,. \tag{30}$$

Die Biegemomente M_r und M_φ ergeben sich aus den Beziehungen

$$M_r = \frac{m_r + \mu m_\varphi}{1-\mu^2}, \tag{31}$$

$$M_\varphi = \frac{m_\varphi + \mu m_r}{1-\mu^2}. \tag{32}$$

Für die einzelnen Hauptbiegemomente erhalten wir schließlich wegen $M_r + M_\varphi = M_1 + M_2$

$$M_{1,2} = \frac{M_r + M_\varphi}{2} \pm T_{\max}\,. \tag{33}$$

Die einzelnen Hauptspannungen ergeben sich aus dem Geradliniengesetz zu

$$\sigma_{1,2} = \frac{12 M_{1,2}}{h^3} z \,. \tag{34}$$

4. Platten mit veränderlicher Dicke

4.1 Beziehungen zwischen den Ableitungen der Biege- und Torsionsmomente

Für die Biege- und Torsionsmomente gelten wieder die Gleichungen (1). Das Gleichgewicht an einem Plattenelement wird durch die Beziehungen (2), (3) und (4) beschrieben. Für die Biegesteifigkeit gelte die allgemeine Ortsfunktion

$$B = B(r, \varphi) \,.$$

Differenzieren wir jetzt die Ausdrücke für die Momente in den Gleichungen (1), so haben wir die Ortsveränderlichkeit von B zu beachten. Setzen wir die differenzierten Ausdrücke in die Gleichgewichtsbeziehungen (2) und (3) ein, so erhalten wir für die Querkräfte

$$Q_{rz} = -B \frac{\partial}{\partial r} \Delta w + \frac{\partial B}{\partial r} \frac{M_r}{B} + \frac{1}{r} \frac{\partial B}{\partial \varphi} \frac{T_{r\varphi}}{B}, \tag{35}$$

$$Q_{\varphi z} = -B \frac{1}{r} \frac{\partial}{\partial \varphi} \Delta w + \frac{\partial B}{\partial r} \frac{T_{r\varphi}}{B} + \frac{1}{r} \frac{\partial B}{\partial \varphi} \frac{M_\varphi}{B}. \tag{36}$$

Wir führen wieder die Momentensumme ein, um die Querkräfte eliminieren zu können. Es ist

$$M = \frac{M_r + M_\varphi}{1+\mu} = -B\, \Delta w \,. \tag{37}$$

Differentiation liefert

$$\frac{\partial M}{\partial r} = -B \frac{\partial}{\partial r} \Delta w - \frac{\partial B}{\partial r} \Delta w \,, \tag{38}$$

$$\frac{\partial M}{\partial \varphi} = -B \frac{\partial}{\partial \varphi} \Delta w - \frac{\partial B}{\partial \varphi} \Delta w \,. \tag{39}$$

Es ist somit

$$-B \frac{\partial}{\partial r} \Delta w = \frac{1}{1+\mu} \left(\frac{\partial M_r}{\partial r} + \frac{\partial M_\varphi}{\partial r} \right) + \frac{\partial B}{\partial r} \Delta w \,, \tag{40}$$

$$-B \frac{1}{r} \frac{\partial}{\partial \varphi} \Delta w = \frac{1}{(1+\mu)\, r} \left(\frac{\partial M_r}{\partial \varphi} + \frac{\partial M_\varphi}{\partial \varphi} \right) + \frac{1}{r} \frac{\partial B}{\partial \varphi} \Delta w \,. \tag{41}$$

Diese Ausdrücke können wir in die Gleichungen (35) und (36) einsetzen und die so erhaltenen Ausdrücke für die Querkräfte schließlich in die Gleichgewichtsbeziehungen (2) und (3) einsetzen:

$$\frac{\partial M_r}{\partial r} + \frac{1}{r} \frac{\partial T_{r\varphi}}{\partial \varphi} + \frac{M_r - M_\varphi}{r} = \frac{1}{1+\mu} \left(\frac{\partial M_r}{\partial r} + \frac{\partial M_\varphi}{\partial r} \right) +$$
$$+ \frac{\partial B}{\partial r} \Delta w + \frac{\partial B}{\partial r} \frac{M_r}{B} + \frac{1}{r} \frac{\partial B}{\partial \varphi} \frac{T_{r\varphi}}{B}, \tag{42}$$

$$\frac{\partial T_{r\varphi}}{\partial r} + \frac{1}{r} \frac{\partial M_\varphi}{\partial \varphi} + \frac{2T_{r\varphi}}{r} = \frac{1}{(1+\mu)\, r} \left(\frac{\partial M_r}{\partial \varphi} + \frac{\partial M_\varphi}{\partial \varphi} \right) +$$
$$+ \frac{1}{r} \frac{\partial B}{\partial \varphi} \Delta w + \frac{\partial B}{\partial r} \frac{T_{r\varphi}}{B} + \frac{1}{r} \frac{\partial B}{\partial \varphi} \frac{M_\varphi}{B}. \tag{43}$$

Durch Einführung der Ersatzmomente, Gl. (11), lassen sich diese Beziehungen wegen

$$\frac{\partial B}{\partial r} \Delta w + \frac{\partial B}{\partial r} \frac{M_r}{B} = -\frac{\partial B}{\partial r} \frac{m_\varphi}{B(1+\mu)}, \tag{44}$$

$$\frac{1}{r} \frac{\partial B}{\partial \varphi} \Delta w + \frac{1}{r} \frac{\partial B}{\partial \varphi} \frac{M_\varphi}{B} = -\frac{1}{r} \frac{\partial B}{\partial \varphi} \frac{m_r}{B(1+\mu)} \tag{45}$$

in folgende Form bringen:

$$\frac{\partial m_\varphi}{\partial r} - \frac{1}{B} \frac{\partial B}{\partial r} m_\varphi = (1+\mu) \left(\frac{1}{r} \frac{\partial T_{r\varphi}}{\partial \varphi} - \frac{1}{r} \frac{\partial B}{\partial \varphi} \frac{T_{r\varphi}}{B} + \frac{M_r - M_\varphi}{r} \right), \tag{46}$$

$$\frac{1}{r} \frac{\partial m_r}{\partial \varphi} - \frac{1}{r} \frac{\partial B}{\partial \varphi} \frac{m_r}{B} = (1+\mu) \left(\frac{\partial T_{r\varphi}}{\partial r} - \frac{\partial B}{\partial r} \frac{T_{r\varphi}}{B} + \frac{2T_{r\varphi}}{r} \right). \tag{47}$$

Wir dividieren diese Gleichungen noch durch B und erhalten

$$\frac{\partial}{\partial r} \left(\frac{m_\varphi}{B} \right) = (1+\mu) \frac{1}{B} \left(\frac{1}{r} \frac{\partial T_{r\varphi}}{\partial \varphi} - \frac{1}{r} \frac{\partial B}{\partial \varphi} \frac{T_{r\varphi}}{B} + \frac{M_r - M_\varphi}{r} \right)$$
$$= (1+\mu) \left[\frac{1}{r} \frac{\partial}{\partial \varphi} \left(\frac{T_{r\varphi}}{B} \right) + \frac{M_r - M_\varphi}{Br} \right], \tag{48}$$

$$\frac{\partial}{\partial \varphi} \left(\frac{m_r}{B} \right) = (1+\mu) \frac{1}{B} \left(r \frac{\partial T_{r\varphi}}{\partial r} - r \frac{\partial B}{\partial r} \frac{T_{r\varphi}}{B} + 2T_{r\varphi} \right)$$
$$= (1+\mu) \left[r \frac{\partial}{\partial r} \left(\frac{T_{r\varphi}}{B} \right) + \frac{2T_{r\varphi}}{B} \right]. \tag{49}$$

Das sind die gesuchten Beziehungen, die zur Bestimmung der einzelnen Biegemomente aus den spannungsoptischen Meßgrößen geeignet sind.

4.2 Die Bestimmung der einzelnen Biegemomente aus den spannungsoptischen Meßgrößen

Integration in Richtung r

Das Ersatzmoment m_φ wird durch Integration in Richtung r mit Hilfe von Gl. (48) bestimmt. Dafür gibt es vier Varianten, die die Meßwerte in unterschiedlicher Weise benutzen.

Variante 1

Durch Integration von Gl. (48) folgt

$$m_\varphi = \frac{B_P}{B_{P_0}} m_{\varphi 0} + (1+\mu)\, B_P \int_{P_0}^{P} \left[\frac{1}{r} \frac{\partial}{\partial \varphi} \left(\frac{T_{r\varphi}}{B} \right) + \frac{M_r - M_\varphi}{Br} \right] \mathrm{d}r \tag{50}$$

oder in Differenzenschreibweise

$$m_\varphi = \frac{B_P}{B_{P_0}} m_{\varphi 0} + (1+\mu)\, B_P \sum \left[\frac{1}{r} \frac{\Delta}{\Delta\varphi} \left(\frac{T_{r\varphi}}{B} \right) + \frac{M_r - M_\varphi}{Br} \right] \Delta r \,. \tag{51}$$

Variante 2

Sie folgt ebenfalls aus Gl. (48) und lautet

$$m_\varphi = \frac{B_P}{B_{P_0}} m_{\varphi_0} + (1+\mu)\, B_P \times$$

$$\times \int_{P_0}^{P} \frac{1}{B}\left(\frac{1}{r}\frac{\partial T_{r\varphi}}{\partial\varphi} - \frac{1}{r}\frac{\partial B}{\partial\varphi}\frac{T_{r\varphi}}{B} + \frac{M_r - M_\varphi}{r}\right) \mathrm{d}r \qquad (52)$$

oder in Differenzenschreibweise

$$m_\varphi = \frac{B_P}{B_{P_0}} m_{\varphi 0} + (1+\mu)\, B_P \times$$

$$\times \sum \frac{1}{B}\left(\frac{1}{r}\frac{\Delta T_{r\varphi}}{\Delta\varphi} - \frac{1}{r}\frac{\partial B}{\partial\varphi}\frac{T_{r\varphi}}{B} + \frac{M_r - M_\varphi}{r}\right) \Delta r\,. \qquad (53)$$

Dabei braucht $\frac{\partial B}{r\,\partial\varphi}$ nicht durch einen Differenzenquotienten ausgedrückt zu werden, da $B(r, \varphi)$ als differenzierbare Ortsfunktion gegeben sein soll und der Differentialquotient somit berechnet werden kann.

Variante 3

Diese Variante ergibt sich durch vorherige Differentiation von $T_{r\varphi}/B$ nach φ. Setzen wir den entsprechenden Ausdruck, der sich analog zu Gl. (19) ergibt, in Gl. (50) ein, so erhalten wir

$$m_\varphi = \frac{B_P}{B_{P_0}} m_{\varphi 0} + (1+\mu)\, B_P \times$$

$$\times \int_{P_0}^{P} \left[\frac{1}{r}\frac{\partial}{\partial\varphi}\left(\frac{T_{\max}}{B}\right)\sin 2(\alpha-\varphi) + \frac{M_r - M_\varphi}{Br}\frac{\partial\alpha}{\partial\varphi}\right] \mathrm{d}r\,. \qquad (54)$$

Für die praktische Benutzung schreiben wir diese Gleichung wieder in Differenzenform

$$m_\varphi = \frac{B_P}{B_{P_0}} m_{\varphi 0} + (1+\mu)\, B_P \times$$

$$\times \sum \left[\frac{1}{r}\frac{\Delta}{\Delta\varphi}\left(\frac{T_{\max}}{B}\right)\sin 2(\alpha-\varphi) + \frac{M_r - M_\varphi}{Br}\frac{\Delta\alpha}{\Delta\varphi}\right] \Delta r\,. \qquad (55)$$

Variante 4

Diese Variante ergibt sich wiederum durch vorherige Differentiation von $T_{r\varphi}$ nach φ. Wir setzen jetzt den Ausdruck (19) in Gl. (52) ein und erhalten mit Gl. (16)

$$m_\varphi = \frac{B_P}{B_{P_0}} m_{\varphi 0} + (1+\mu)\, B_P \int_{P_0}^{P} \frac{1}{B}\left[\frac{\partial T_{\max}}{r\,\partial\varphi}\sin 2(\alpha-\varphi) + \right.$$

$$\left. + \frac{M_r - M_\varphi}{r}\frac{\partial\alpha}{\partial\varphi} - \frac{1}{r}\frac{\partial B}{\partial\varphi}\frac{T_{r\varphi}}{B}\right] \mathrm{d}r \qquad (56)$$

oder in entsprechender Differenzenform

$$m_\varphi = \frac{B_P}{B_{P_0}} m_{\varphi 0} + (1+\mu)\, B_P \sum \frac{1}{B}\left[\frac{\Delta T_{\max}}{r\,\Delta\varphi}\sin 2(\alpha-\varphi) + \right.$$

$$\left. + \frac{M_r - M_\varphi}{r}\frac{\Delta\alpha}{\Delta\varphi} - \frac{1}{r}\frac{\partial B}{\partial\varphi}\frac{T_{r\varphi}}{B}\right] \Delta r\,. \qquad (57)$$

Integration in Richtung φ

Das Ersatzmoment m_r wird durch Integration in der zu r senkrechten Richtung mit Hilfe von Gl. (49) bestimmt. Es gibt hierfür wiederum vier Varianten.

Variante 1

Durch Integration von Gl. (49) folgt

$$m_r = \frac{B_P}{B_{P_0}} m_{r0} + (1+\mu)\, B_P \int_{P_0}^{P} \left[r\frac{\partial}{\partial r}\left(\frac{T_{r\varphi}}{B}\right) + \frac{2T_{r\varphi}}{B}\right] \mathrm{d}\varphi \qquad (58)$$

oder in Differenzenschreibweise

$$m_r = \frac{B_P}{B_{P_0}} m_{r0} + (1+\mu)\, B_P \sum \left[r\frac{\Delta}{\Delta r}\left(\frac{T_{r\varphi}}{B}\right) + \frac{2T_{r\varphi}}{B}\right] \Delta\varphi\,. \qquad (59)$$

Variante 2

Sie folgt ebenfalls aus Gl. (49) und lautet

$$m_r = \frac{B_P}{B_{P_0}} m_{r0} + (1+\mu)\, B_P \times$$

$$\times \int_{P_0}^{P} \frac{1}{B}\left[r\frac{\partial T_{r\varphi}}{\partial r} + \left(2 - \frac{r}{B}\frac{\partial B}{\partial r}\right) T_{r\varphi}\right] \mathrm{d}\varphi \qquad (60)$$

oder in Differenzenform

$$m_r = \frac{B_P}{B_{P_0}} m_{r0} + (1+\mu)\, B_P \times$$

$$\times \sum \frac{1}{B}\left[r\frac{\Delta T_{r\varphi}}{\Delta r} + \left(2 - \frac{r}{B}\frac{\partial B}{\partial r}\right) T_{r\varphi}\right] \Delta\varphi\,. \qquad (61)$$

Variante 3

Diese Variante ergibt sich durch vorherige Differentiation von $T_{r\varphi}/B$ nach r. Setzen wir den entsprechenden Ausdruck, der sich aus Gl. (25) ergibt, in Gl. (58) ein, so erhalten wir unter Berücksichtigung von Gl. (16)

$$m_r = \frac{B_P}{B_{P_0}} m_{r0} + (1+\mu)\, B_P \int_{P_0}^{P} \left[r\frac{\partial}{\partial r}\left(\frac{T_{\max}}{B}\right)\sin 2(\alpha-\varphi) + \right.$$

$$\left. + \frac{r(M_r - M_\varphi)}{B}\frac{\partial\alpha}{\partial r} + \frac{2T_{r\varphi}}{B}\right] \mathrm{d}\varphi \qquad (62)$$

oder in Differenzenschreibweise

$$m_r = \frac{B_P}{B_{P_0}} m_{r0} + (1+\mu)\, B_P \sum \left[r\frac{\Delta}{\Delta r}\left(\frac{T_{\max}}{B}\right)\sin 2(\alpha-\varphi) + \right.$$

$$\left. + \frac{r(M_r - M_\varphi)}{B}\frac{\Delta\alpha}{\Delta r} + \frac{2T_{r\varphi}}{B}\right] \Delta\varphi\,. \qquad (63)$$

Variante 4

Diese Variante ergibt sich wiederum durch vorherige Differentiation von $T_{r\varphi}$ nach r. Setzen wir Gl. (25) in Gl. (60) ein, dann erhalten w[...]nter Berücksichtigung von Gl. (16)

$$m_r = \frac{B_P}{B_{P_0}} m_{r0} + (1+\mu)\, B_P \int_{P_0}^{P} \left\{\frac{r}{B}\left[\frac{\partial T_{\max}}{\partial r}\sin 2(\alpha-\varphi) + \right.\right.$$

$$\left.\left. + (M_r - M_\varphi)\frac{\partial\alpha}{\partial r} - \frac{1}{B}\frac{\partial B}{\partial r} T_{r\varphi}\right] + \frac{2T_{r\varphi}}{B}\right\} \mathrm{d}\varphi \qquad (64)$$

oder in Differenzenschreibweise

$$m_r = \frac{B_P}{B_{P_0}} m_{r0} + (1+\mu)\, B_P \sum \left\{\frac{r}{B}\left[\frac{\Delta T_{\max}}{\Delta r}\sin 2(\alpha-\varphi) + \right.\right.$$

$$\left.\left. + (M_r - M_\varphi)\frac{\Delta\alpha}{\Delta r} - \frac{1}{B}\frac{\partial B}{\partial r} T_{r\varphi}\right] + \frac{2T_{r\varphi}}{B}\right\} \Delta\varphi\,. \qquad (65)$$

Literatur

1 SCHWIEGER, H.; HABERLAND, G., Bestimmung des Biegespannungszustandes elastischer, quadratischer Platten, Bauplanung und Bautechnik 8, Heft 8, 358–366 (1954).

2 HABERLAND, G.; SCHWIEGER, H., Ein Auswerteverfahren zur spannungsoptischen Untersuchung elastischer Rechteckplatten mit veränderlicher Dicke. Bauplanung-Bautechnik 9, Heft 8, 350–356 (1955).

3 SCHWIEGER, H.; HABERLAND, G., Spannungsoptische Untersuchung einer Kragplatte mit linear veränderlicher Dicke, ZAMM 39, Heft 3/4, 85–100 (1959).

4 HABERLAND, G., Einige Auswerteverfahren bei spannungsoptischen Plattenuntersuchungen, Ingenieur-Archiv 30, Heft 4, 254–268 (1961).

5 SCHWIEGER, H.; HABERLAND, G., Spannungsoptische Untersuchungen schiefwinkliger elastischer Platten, ZAMM 41, Heft 7/8, 273–284 (1961).

6 HABERLAND, G., Spannungsoptische Ermittlung der Momenten-Einflußfelder elastischer Platten, Beiträge zur Spannungs- und Dehnungsanalyse I, Akademie-Verlag Berlin 1965, S. 1–113 (Schriftenreihe der Institute für Mathematik, Reihe B, Heft 1).

7 LAERMANN, K.-H., Ein Auswerteverfahren für die spannungsoptische Untersuchung von Platten, bezogen auf Polarkoordinaten, Die Bautechnik Heft 3, 85–88 (1967).

Eingereicht am 14. 5. 1979

Anschrift: Dr. GOTTHARD HABERLAND, Zentralinstitut für Mathematik und Mechanik der Akademie der Wissenschaften der DDR, DDR-1080 Berlin, Mohrenstr. 39, DDR

ZAMM 60, 210 – 212 (1980)

Do Sanh

On the Principle of Compatibility and the Equations of Motion of Constrained Mechanical Systems

In order to establish the equations of motion of a constrained mechanical system one often uses the principle of virtual displacements or the Gauss' principle where the constraints are assumed to be ideal. Nowadays, new problems arise because mechanical systems are often controlled either by active elements or by the constraints. Especially, when the mechanical systems are controlled by the constraints, in many cases one can not treat the given constraints as belonging to the class of the ideal constraints in the sense of analytical mechanics. In order to study these problems, it is necessary to formulate new principles. In the present paper we will discuss in detail a principle termed "the principle of compatibility" [7, 8, 10, 11]. This principle, of course, will play an important role in many problems of analytical mechanics.

1. The principle of compatibility

Let us consider a mechanical system consisting of N points, the coordinates and masses of which are denoted by x_ν, m_ν $(\nu = \overline{1, 3N})$, respectively, where $m_{3\nu} = m_{3\nu-1} = m_{3\nu-2}$. Let further the forces acting on the material point M_ν be X_ν $(\nu = \overline{1, 3N})$ and the constraint equations be of the form

$$f_\alpha(t, x_\nu, \dot{x}_\nu, \ddot{x}_\nu) = 0\,, \qquad \alpha = \overline{1, s} \leq 3N \tag{1-1}$$

where

$$\det \left\| \frac{\partial f_\alpha}{\partial \ddot{x}_\beta} \right\| \neq 0\,; \qquad \alpha, \beta = \overline{1, s} \tag{1-2}$$

By virtue of the postulate of reactions, the equations of motion of the ν-material point have the form

$$m_\nu \ddot{x}_\nu = X_\nu + R_\nu\,, \qquad \nu = \overline{1, 3N} \tag{1-3}$$

where R_ν denote the reactions.

It should be noticed that in the present paper we shall restrict ourselves to mechanical constraints, though the method is valid for a wider class of constraints, for example, the program constraints in the control theory.

In order that the motion of the considered system satisfies the constraint equations (1-1), (i. e. that the trajectories of the material points lie on the manifold (1-1)), the reactions R_ν must satisfy the following equations:

$$f_\alpha(t, x_\nu, \dot{x}_\nu, (X_\nu + R_\nu)\, m^{-1}) = 0\,, \qquad \alpha = \overline{1, s}\,. \tag{1-4}$$

It is easy to show that this is also a sufficient condition. By such a way the principle of compatibility is formulated.

Let us consider the case of constraints of the form

$$f_\alpha(t, x_\nu, \dot{x}_\nu) = 0\,. \tag{1-5}$$

It is possible to show that the principle of compatibility holds in this case as well.

Obviously, the constraints (1-5) impose restrictions not only on possible positions and velocities, but also on possible accelerations of the system at time t. Indeed, differentiating the equations (1-5) with respect to time, we get an analytical expression for the restrictions imposed by the constraints on the accelerations of the particles of the system

$$\sum_{\nu=1}^{3N} \frac{\partial f_\alpha}{\partial \dot{x}_\nu} \ddot{x}_\nu + \sum_{\nu=1}^{3N} \frac{\partial f_\alpha}{\partial x_\nu} \dot{x}_\nu + \frac{\partial f_\alpha}{\partial t} = 0\,, \qquad \alpha = \overline{1, s}\,. \tag{1-6}$$

In such a way the constraint equations (1-6) take the form (1-1). It is necessary to explain more precisely that the equations (1-6) are equivalent to the equations

$$f_\alpha(t, x_\nu, \dot{x}_\nu) = c_\alpha\,, \qquad c_\alpha = \text{const}\,,$$

but they are not equivalent to the equations (1-5). However, as it is shown in [11] (p. 25), by proper choice of arbitrary functions and initial conditions the equations (1-6) are equivalent to the equations (1-5).

Similarly, it is possible to show that the principle of compatibility is valid also for the case of a mechanical system with constraints of the form

$$f_\alpha(t, x_\nu) = 0\,, \qquad \alpha = \overline{1, s}\,. \tag{1-7}$$

Remarks

1. If $s = 3N$, then by (1-2) the reactions R_ν will be determined by a set of algebraic equations (1-4). In the case of $s < 3N$ we obtain an incomplete system of equations (1-4). If nothing is known about the nature of the constraints except the defining equations (1-1) and, consequently, nothing is known about the reactions R_ν produced by these constraints, then the above problem is indeterminate. In order that the reactions are determined it is necessary to add auxiliary conditions, which depend either on the nature of the constraints (for example, in the case of the mechanical constraints) or on the aim of the stated problems (for example, in the case of control problems) etc.

2. Let us consider mechanical constraints, where $s < 3N$. If the considered constraints are ideal, it is easy to prove that this assumption is equivalent to auxiliary conditions, with the help of which the reactions R_ν are determined.

First we suppose that

$$R_\nu = \sum_{\alpha=1}^{s} \lambda_\alpha \frac{\partial f_\alpha}{\partial \ddot{x}_\nu}\,, \qquad \nu = \overline{1, 3N}\,. \tag{1-8}$$

Substituting (1-8) to (1-4) we obtain a set of s equations containing s unknowns λ_α $(\alpha = \overline{1, s})$. By virtue of the conditions (1-2) the multipliers λ_α and, consequently, the reactions R_ν are determined.

Now it is easy to prove that the assumption (1-8) is equivalent to the fact, that the considered constraints are ideal in a general sense, i.e.

$$\sum_{\nu=1}^{3N} R_\nu \delta\ddot{x}_\nu = 0\,, \tag{1-9}$$

where the variations $\delta\ddot{x}_\nu$ satisfy the relations

$$\sum_{\nu=1}^{3N} \frac{\partial f_\alpha}{\partial \ddot{x}_\nu} \delta\ddot{x}_\nu = 0\,, \qquad \alpha = \overline{1, s}\,. \tag{1-10}$$

In accordance with (1-3) the variational equation (1-9) takes the form

$$\sum_{\nu=1}^{3N} (m_\nu \ddot{x}_\nu - X_\nu)\, \delta\ddot{x}_\nu = 0\,. \tag{1-11}$$

As it is known, (1-11) and (1-10) express the Gauss' principle in the variational form (see, for example, [3], p. 239). In other words, the principle of compatibility for a mechanical system with ideal constraints of Appell-Przeborski-Chetayev' type is equivalent to the Gauss' principle.

It is necessary to emphasize that the idea of the construction of the principle of compatibility is very close to the Gauss' principle, because the principle of compatibility, like the Gauss' principle, imposes requirements on the possilbe accelerations of the particles of the system.

2. Equations of motion of a constrained mechanical system

Let us consider a nonconservative mechanical system with the Lagrangian function $L(t, q_i, \dot{q}_i) = T - \Pi$ where

$$T = \tfrac{1}{2} \sum_{ij=1}^{n} \overset{*}{a}_{ij} \dot{q}_i \dot{q}_j + \sum_{i=1}^{n} \overset{*}{a}_i \dot{q}_i + a^*\,, \qquad \Pi = \Pi(t, q_i)$$

where q_i denote the generalized coordinates and $\dot{q}_i$ the generalized velocities, t means the time, $\|\overset{*}{a}_{ij}\|$ is a quadratic and symmetric matrix, $\overset{*}{a}_{ij} = \overset{*}{a}_{ij}(t, q_k)$, $\overset{*}{a}_i = \overset{*}{a}_i(t, q_j)$, $a^* = a^*(t, q_i)$; $\Pi(t, q_i)$ as well as all other functions that will be encountered in the sequel (unless ortherwise stated) to be continuous together with their derivatives in a certain region Ω.

Let further the constraint equations be of the form

$$\sum_{i=1}^{n} b_{\alpha i} \ddot{q}_i + b_\alpha = 0\,, \qquad \alpha = \overline{1, s} < n \tag{2-1}$$

where $b_{\alpha i} = b_{\alpha i}(t, q_j, \dot{q}_j)$, $b_\alpha = b_\alpha(t, q_i, \dot{q}_i)$ are the given functions. In addition we assume that $\|b_{\alpha i}\|$ has rank s. We suppose that the constraints (2-1) are ideal according to the Appell-Przeborski-Chetayev' definition [1, 2, 12].

By virtue of the postulate of reactions the motion equations of the considered system have the form

$$L_i = Q_i + R_i\,, \qquad i = \overline{1, n} \tag{2-2}$$

where L_i denotes the LAGRANGE's operator, Q_i the nonconservative forces and R_i the reactions. First it is easy to show that

$$\ddot{q}_i \equiv \sum_{j=1}^{n} a_{ij} L_j + \psi_i\,, \qquad i = \overline{1, n} \tag{2-3}$$

where $||a_{ij}||$ is the inverse matrix of $||a_{ij}^*||$ and therefore $||a_{ij}||$ is also a quadratic and symmetric matrix, and

$$\psi_i = \sum_{j=1}^{n} a_{ij} \left[\sum_{k,m=1}^{n} (km, j)\, \dot{q}_k \dot{q}_m + \sum_{k=1}^{n} \left(\frac{\partial a_k^*}{\partial q_j} - \frac{\partial a_j^*}{\partial q_k} - \frac{\partial a_{kj}^*}{\partial t} \right) \dot{q}_k + \right.$$
$$\left. + \left(\frac{\partial a^*}{\partial q_j} - \frac{\partial a_j^*}{\partial t} - \frac{\partial \pi}{\partial q_i} \right) \right] \tag{2-4}$$

where

$$(km, j) = \frac{1}{2} \left(\frac{\partial a_{kj}^*}{\partial q_m} + \frac{\partial a_{mj}^*}{\partial q_k} - \frac{\partial a_{km}^*}{\partial q_j} \right)$$

are CHRISTOFFEL (3 index) symbols of the first kind.

To make the description more compact, we shall apply the vector matrix notation. To this end we introduce the n-dimensional vectors

$$\ddot{q} = \begin{Vmatrix} \ddot{q}_1 \\ \vdots \\ \ddot{q}_n \end{Vmatrix}; \quad Q = \begin{Vmatrix} Q_1 \\ \vdots \\ Q_n \end{Vmatrix}, \quad R = \begin{Vmatrix} R_1 \\ \vdots \\ R_n \end{Vmatrix}, \quad \psi = \begin{Vmatrix} \psi_1 \\ \vdots \\ \psi_n \end{Vmatrix},$$

the s-dimensional vectors

$$b^0 = \begin{Vmatrix} b_1 \\ \vdots \\ b_s \end{Vmatrix}, \quad \Lambda = \begin{Vmatrix} \lambda_1 \\ \vdots \\ \lambda_s \end{Vmatrix},$$

and the matrices

$$A = \begin{Vmatrix} a_{11}^* & \cdots & a_{1n}^* \\ \vdots & & \vdots \\ a_{n1}^* & \cdots & a_{nn}^* \end{Vmatrix}, \qquad b = \begin{Vmatrix} b_{11} & \cdots & b_{1n} \\ \vdots & & \vdots \\ b_{s1} & \cdots & b_{sn} \end{Vmatrix},$$

where A is a $n \times n$ matrix and b is a $s \times n$ matrix.

Since the constraints (2-1) are ideal, we have

$$R = b'\Lambda \tag{2-5}$$

where b' denotes the transposed matrix of the matrix b. In accordance with (2-5), from (2-2) and (2-3) we obtain the equations of motion of the system, that is

$$\ddot{q} = A^{-1}b'\Lambda + A^{-1}Q + \psi\,. \tag{2-6}$$

Besides, we write the constraint equations (2-1) in matrix form

$$b\ddot{q} + b^0 = 0\,. \tag{2-1)'$$

Using the principle of compatibility for the system (2-6) with the constraints (2-1)′ we obtain

$$D\Lambda - D^0 = 0\,. \tag{2-7}$$

Hence the LAGRANGE' multipliers are determined by the formula

$$\Lambda = D^{-1}D^0\,, \tag{2-8}$$

where D is the $s \times s$ matrix

$$D = bA^{-1}b' \tag{2-9}$$

and D^0 is the $1 \times s$ matrix

$$D^0 = -[b\psi + b^0 + bA^{-1}Q]\,, \tag{2-10}$$

and D^{-1} denotes the inverse matrix of D, A^{-1} the inverse matrix of A. It is easy to show that the matrix D has rank s, because the matrix A has rank n and b rank s.

By such a way we obtain s equations containing s unknowns λ_α.

It is necessary to emphasize that by a very simple method (by a set of algebraic equations) the LAGRANGE's multipliers can be determined independently of the establishment of the motion equations. Thus, with the help of the principle of compatibility we obtain a new method of determining the LAGRANGE's multipliers.

As an example let us consider the motion of an automobile, the scheme of which has been represented in [3] (pp. 22—29). Let us choose the generalized coordinates x_c, y_c, φ taking the same meaning like in [3], we have

$$T = \tfrac{1}{2} M (\dot{x}_c^2 + \dot{y}_c^2) + \tfrac{1}{2} J_c \dot{\varphi}^2$$

where M, J_c denote the mass and the moment of inertia of the automobile about its centre of gravity, respectively. By virtue of the examined results in the above mentioned work the constraint equations take the form

$$\dot{x}_c \sin\varphi - \dot{y}_c \cos\varphi + b\dot{\varphi} = 0\,,$$
$$\dot{x}_c \sin(\varphi + \theta) - \dot{y}_c \cos(\varphi + \theta) - a\cos\theta\dot{\varphi} = 0\,.$$

Solving these constraint equations for $\dot{x}_c$, $\dot{y}_c$ we have

$$\dot{x}_c = (l \operatorname{ctg}\theta \cos\varphi - b\sin\varphi)\,\dot{\varphi}\,, \quad \dot{y}_c = (l \operatorname{ctg}\theta \sin\varphi + b\cos\varphi)\,\dot{\varphi}$$

where $l = a + b$.

Taking into account the obtained expressions of $\dot{x}_c$ and $\dot{y}_c$, it is possible to write the constraint equations in the equivalent form

$$\ddot{x}_c \sin\varphi - \ddot{y}_c \cos\varphi + b\ddot{\varphi} + l \operatorname{ctg}\theta\, \dot{\varphi}^2 = 0\,,$$
$$\ddot{x}_c \sin(\varphi + \theta) - \ddot{y}_c \cos(\varphi + \theta) - a\cos\theta\ddot{\varphi} + (l \operatorname{ctg}\theta \cos\theta +$$
$$+ b\sin\theta)\,\dot{\varphi}^2 - l\dot{\theta}\dot{\varphi}\sec\theta = 0\,.$$

Besides, the generalized forces are of the form

$$Q_{x_c} = F\cos\theta\,, \qquad Q_{y_c} = F\sin\theta; \qquad Q_\varphi = 0\,.$$

In order to determine the reactions we shall use the formula (2-7). It is easy to calculate

$$b = \begin{Vmatrix} \sin\varphi & -\cos\varphi & b \\ \sin(\varphi + \theta) & -\cos(\varphi + \theta) & -a\cos\theta \end{Vmatrix},$$

$$A^{-1} = \begin{Vmatrix} \frac{1}{M} & 0 & 0 \\ 0 & \frac{1}{M} & 0 \\ 0 & 0 & \frac{1}{M} \end{Vmatrix},$$

$$D = bA^{-1}b' = \frac{1}{MJ_c} \begin{Vmatrix} J_c + Mb^2 & (J_c - Mba)\cos\theta \\ (J_c - Mba)\cos\theta & J_c + Ma^2\cos^2\theta \end{Vmatrix},$$

$$D^{-1} = \frac{(MJ_c)^2}{J^2\sin^2\theta - JM(b + a\cos\theta)^2} \begin{Vmatrix} J_c + Ma^2\cos^2\theta & (Mba - J_c)\cos\theta \\ (Mba - J_c)\cos\theta & J_c + Mb^2 \end{Vmatrix},$$

$$b^0 = \begin{Vmatrix} l \operatorname{ctg}\theta\dot{\varphi}^2 \\ (l \operatorname{ctg}\Theta \cos\Theta + b\sin\Theta)\,\dot{\varphi}^2 - l\dot{\theta}\dot{\varphi}\sec\Theta \end{Vmatrix},$$

$$bA^{-1}Q = \begin{Vmatrix} 0 \\ f\sin\theta \end{Vmatrix}; \qquad \psi = 0\,,$$

$$D^0 = -(b\psi + b^0 + bA^{-1}Q)$$
$$= -\begin{Vmatrix} l \operatorname{ctg}\theta\dot{\varphi}^2 \\ (l \operatorname{ctg}\theta \cos\theta - b\sin\theta)\,\dot{\varphi}^2 - l\dot{\theta}\dot{\varphi}\sec\theta + f\sin\theta \end{Vmatrix},$$

In the results we get

$$\Lambda = D^{-1}D^0$$
$$= \begin{Vmatrix} -M \operatorname{ctg}\theta \left[a\dot{\varphi}^2 + \dfrac{(bl - k^2)(l\dot{\theta}\dot{\varphi} + f\sin^2\theta)}{k^2\sin^2\theta + l^2\cos^2\theta} \right] \\ -M \operatorname{cosec}\theta \left[b\dot{\varphi}^2 - \dfrac{k^2(l\dot{\theta}\dot{\varphi} - f\sin^2\theta)}{k^2\sin^2\theta + l^2\cos^2\theta} \right] \end{Vmatrix}$$

where $k^2 = (J_c + Mb^2)\,M^{-1}$, $f = F/M$. Thus by the simpler method we obtain the results established in [3].

Remarks

1. By the principle of compatibility the equations of motion of a mechanical system with ideal constraints in the LAGRANGE's multiplier form are obtained. However it is necessary to emphasize that the principle of compatibility can be used as well for mechanical systems with nonideal constraints. Therefore the principle of compatibility is a helpful tool for investigating

mechanical systems controlled by constraints, where the constraints in the general case are not treated as the ideal constraints in the sense of analytical mechanics.

2. As it is known, the reactions R_i $(i = \overline{1, n})$ can be determined directly by the method established in [5]. It is easy to prove that we obtain the same. After the determination of the reactions, the motion equations of the considered system can be written in the canonical form

$$\ddot{q} = A^{-1}(Q + R) + \psi\,. \tag{2-11}$$

3. Equations of motion of a mechanical system with constraints of high orders

Without any loss of generality let the constraint equations be written in the form

$$\sum_{i=1}^{n} b_{\alpha i} \overset{(m+2)}{q_i} + b_\alpha = 0\,, \qquad m = 0, 1, 2, \dots, \alpha = \overline{1, s} < n \tag{3-1}$$

where $b_{\alpha i} = b_{\alpha i}\left(t, q_j, \dots, \overset{(m+1)}{q_j}\right)$; $b_\alpha = b_\alpha\left(t, q_i, \dots, \overset{(m+1)}{q_i}\right)$ are given functions.

Using the postulate of reactions, the equations of motion of the considered system may be written in the form (2-2). By virtue of (2-3) we have

$$\overset{(m+2)}{q_i} \equiv \sum_{j=1}^{n} a_{ij} \overset{(m)}{L_j} + \sum_{j=1}^{n} \sum_{k=1}^{m} C_m^k \overset{(m-k)}{L_j} \overset{(k)}{a_{ij}} + \overset{(m)}{\psi_i}\,.$$

It is easy to show that the constraint equations (3-1) take the form

$$\sum_{j=1}^{n} B_{\alpha j} \overset{(m)}{L_j} + \sum_{i=1}^{n} \sum_{k=1}^{m} C_m^k B^*_{\alpha i k} \overset{(m-k)}{L_i} + B^*_\alpha = 0$$

where

$$B^*_{\alpha i k} = \sum_{j=1}^{n} b_{\alpha j} \overset{(k)}{a_{ji}}\,, \qquad B^*_\alpha = b_\alpha + \sum_{i=1}^{n} b_{\alpha i} \overset{(m)}{\psi_i}\,,$$

$$\|B_{\alpha i}\| = \|b_{\alpha j}\|\,\|a_{ji}\|\,, \qquad C_m^k = \frac{m!}{k!\,(m-k)!}$$

Using the principle of compatibility the reactions R_i are determined by the set of differential equations

$$\sum_{i=1}^{n} B_{\alpha i} \overset{(m)}{R_i} + \sum_{i=1}^{n} \sum_{k=1}^{m} C_m^k B^*_{\alpha i k} \overset{(m-k)}{R_i} + B^*_\alpha = 0\,. \tag{3-2}$$

In the result we obtain an incomplete system of differential equations of order m for determining the reactions R_i.

In order that the reactions are completely determined, it is necessary to add auxiliary conditions, which depend either on the nature of the considered constraints or on the aim of the stated problems (for example, in the control theory). The auxiliary conditions can be presented by differential or algebraic equalitites (inequalities), either in a combinatorial form.

Let us now assume that

$$R_i = \sum_{\alpha=1}^{s} \lambda_\alpha b_{\alpha i}\,, \qquad i = \overline{1, n}\,. \tag{3-3}$$

Therefore the equation (3-2) may be written as

$$\sum_{i=1}^{n} \sum_{\beta=1}^{s} \sum_{k=0}^{m} B_{\alpha i} C_m^k \overset{(m-k)}{b_{\beta i}} \overset{(k)}{\lambda_\beta} + \sum_{i=1}^{n} \sum_{\beta=1}^{s} \sum_{k=0}^{m} \sum_{r=0}^{m-k} C_m^k B^*_{\alpha i k} C^r_{m-k} \overset{(m-k-r)}{b_{\beta i}} \overset{(r)}{\lambda_\beta} + \beta_\alpha = 0\,,$$

$$\alpha = \overline{1, s} \tag{3-4}$$

Thus we obtain a complete set of differential equations with respect to λ_α $(\alpha = \overline{1, s})$. By such a way the LAGRANGE's multipliers and, consequently, the reactions are determined.

It is easy to show that the above mentioned assumption is equivalent to the postulate of the ideal constraints, i.e.

$$\sum_{i=1}^{n} R_i \delta\sigma_i = 0 \tag{3-5}$$

where the variations $\delta\sigma_i$ satisfy the relations

$$\sum_{i=1}^{n} b_{\alpha i}\, \delta\sigma_i = 0\,, \qquad \alpha = \overline{1, s}\,. \tag{3-6}$$

This means that the obtained results coincide with the ones in [6].

Remarks

The principle of compatibility will play an important role in the examination of the program motion of mechanical systems [7, 8, 10, 11]. As it is known, when a mechanical system is controlled by program constraints it is necessary to add auxiliary forces called control forces. In order to study these problems one often uses the methods of analytical mechanics, for example, the LAGRANGE's multiplier method, i.e. the LAGRANGE's equations of the first kind. In this case the program constraints are treated like ideal mechanical constraints and the reactions of these constraints just are the requisite auxiliary forces.

However, if there exist supplementary restrictions on the control forces (for example, $u_i \leqq 0$; u_i denote the control forces), then it is impossible to treat the program constraints as the ideal mechanical ones and therefore the methods of analytical mechanics are not valid. On the contrary it is very good to use the principle of compatibility for this problem. This problem, however, transgresses the restriction of the present paper.

References

1 APPELL, P., Traité de mécanique rationellen, t I, 1941, t II, 1953, Gauthier-Villars, Paris.
2 CHETAYAV, N. G., On the GAUSS' principle, in the collection: "Stability of motion and the works on analytical mechanics", Izd. AN SSSR 1962 (in Russian).
3 DOBRONRAVOV, V. V., Elements of nonholonomic mechanics, Izd. Vysshaja shkola, Moscow 1970 (in Russian).
4 DO SANH, On the motion of a mechanical system with nonholonomic constraints of second orders, Prikl. Mat. Mekh., 1973, N° 2 (in Russian).
5 DO SANH, Canonical equations of a mechanical system with linear nonholonomic constraints of second orders, Prikl. Mekh. 1975, N° 2, Kiew (in Russian).
6 DO SANH, On the GAUSS' principle and the motion equations of a mechanical system with the constraints of high orders, Prikl. Mekh. 1975, N° 7, Kiew (in Russian).
7 ERUGIN, N. P., Construction of the whole set of the systems of differential equations having a given integral curve, Prikl. Mat. Mekh. 1952, N° 6 (in Russian).
8 GALIULLIN, A. S. et al., Construction of the systems of the program motion, Nauka, Moscow 1971 (in Russian).
9 GAUSS, K. F., Über ein neues allgemeines Grundgesetz der Mechanik, Crell. J. reine Math., 4, 1829.
10 GUTOWSKI, R. et al., On the exact control problems of motion of mechanical systems with program constraints, Zagadnienia drgan' nieliniowych 1969, N° 10.
11 KORENEV, G. V., The aim and adaptability of motion, Nauka, 1974, Moscow (in Russian).
12 PRZEBORSKI, A., Die allgemeinsten Gleichungen der klassischen Dynamik, Math. Zeitschrift., Bd 36, 1933.
13 TALTARKIEWICZ, K., Une generalisation des equations de MAGGI et d' APPELL, Annales UMCS, vol X, I, Section A, 1956, Poland.

Eingereicht am 25. 8. 1977, in revidierter Fassung am 14. 4. 1978

Anschrift: Truong Dai Hoc Bach Khoa Ha Noi, Khoa Toan-Ly Bo mon Co hoc ly thuyet, DO SANH. Hanoi, Vietnam

ZAMM 60, 212 – 215 (1980)

H. JAWOROWSKI / ST. KASPRZYK / J. WAPIENNIK

Vibroisolation Parameter Selection Method and Stability Determination of a Discrete-Continuous System of the $(\infty, 1)$-Type

In a large number of technological problems the determination of vibration parameters of continuous systems like elastic beams or plates on which rigid installations are placed is an important question.

The paper deals with vibroisolation of two machines placed on an elastic beam: ends of the beam travel along excitation function curves (Fig. 1). The machines are fixed to the beam by means of dissipative-elastic elements.

There are many papers concerning vibrations of beams subjected to loads due to concentrated masses [4, 5]. All of them

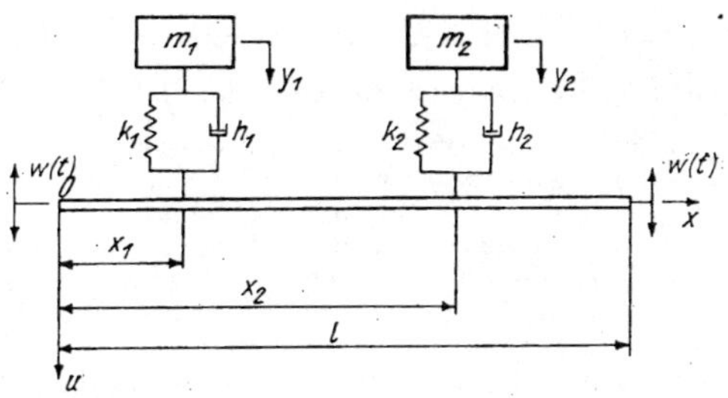

Fig. 1

simplify the problem by neglecting couplings or assuming a priori the modal-shape function of the beam [2, 3, 4]. In the present paper we propose a different approach to the problem based on the idea present in [5]. The aim of this work is selection of proper vibroisolation parameters and determination of vibration stability of discrete-continuous systems.

By the proper selection of parameters we mean such parameters which ensure minimum vibration of the installation placed on the beam.

With certain assumptions we obtain the following equations of the model:

$$m_i\ddot{y}_i(x_i, t) + h_i[\dot{y}_i(x_i, t) - \dot{u}_i(x_i, t)] + k_i[y_i(x_i, t) - u_i(x_i, t)] = 0\,, \qquad (i = 1, 2)$$

$$EJ\,\frac{\partial^4 u(x, t)}{\partial x^4} + \alpha_0 J\,\frac{\partial^5 u(x, t)}{\partial x^4 \partial t} + \varrho F\,\frac{\partial^2 u(x, t)}{\partial t^2} = \sum_{i=1}^{2} \delta(x - x_i)\,\{h_i[\dot{y}_i(x_i, t) - \dot{u}_i(x_i, t)] + k_i[y_i(x_i, t) - u_i(x, t)]\} \qquad (1)$$

with initial conditions

$$v(x, 0) = f_1(x); \quad \dot{v}(x, 0) = f_2(x); \quad f_1, f_2 \in C^2 \qquad (2)$$

and boundary conditions

$$v(0, t) = 0; \quad v(l, t) = 0\,; \quad \frac{\partial^2 v(0, t)}{\partial x^2} = 0; \quad \frac{\partial^2 v(l, t)}{\partial x^2} = 0 \qquad (3)$$

where: l — length of the beam; k_1, k_2 — elasticity coefficients; h_1, h_2 — damping coefficients; x_1, x_2 — coordinates of the two vibroisolators; $u(x, t)$ — vertical displacement of the point x on the beam; $y_1(x_1, t)$, $y_2(x_2, t)$ — displacement of the masses m_1 and m_2; $w(t)$ — beam end displacement; ϱ — linear density of the beam; F — cross-section area of the beam; I — beam cross-section moment of inertia; α_0 — beam damping coefficient; $\delta(x - x_i)$ — Dirac delta "function".

Putting a new variable into Eqs. (1)

$$u(x, t) = w(t) + v(x, t); \qquad w \in C^2 \qquad (4)$$

where $w(t)$ is a known function describing the displacement of the beam ends, we obtain the following equations

$$m_i\ddot{y}_i + h_i[\dot{y}_i - \dot{v}(x_i, t)] + k_i[y_i - v(x_i, t)] = h_i\dot{w}(t) + k_i w(t)\,, \quad (i = 1, 2)$$

$$EJ\,\frac{\partial^4 v}{\partial x^4} + \alpha_0 J\,\frac{\partial^5 v}{\partial x^4 \partial t} + \varrho F\,\frac{\partial^2 v}{\partial t^2} = \sum_{i=1}^{2} \delta(x - x_i) \times \{h_i[\dot{y}_i - \dot{v}(x_i, t)] + k_i[y_i - v(x_i, t)] - h_i\dot{w}(t) - k_i w(t)\} - \varrho F\ddot{w}(t)\,. \qquad (5)$$

The solution of (1), (2), (3) is understood in the distributional sense [4]. To solve (1), (2), (3) we will apply the modified Fourier method [5].

In order to obtain the eigenfunctions and eigen frequency of the system (5) we put $h_1 = h_2 = \alpha_0 = 0$ and $w(t) = 0$, thus we have:

$$m_i\ddot{y}_i + k_i[y_i - v(x_i, t)] = 0 \qquad (i = 1, 2)\,,$$

$$EJ\,\frac{\partial^4 v}{\partial x^4} + \varrho F\,\frac{\partial^2 v}{\partial t^2} = \sum_{i=1}^{2} \delta(x - x_i)\,[y_i - v(x_i, t)]\,k_i\,. \qquad (6)$$

The solution of equations (6) will be found in the following form:

$$v(x, t) = X(x)\sin(\omega t + \alpha); \quad y_i = A_i \sin(\omega t + \alpha)\,, \quad (i = 1, 2)\,. \qquad (7)$$

Substituting (7) into (6) we obtain the equations

$$EJX^{\mathrm{IV}} - \varrho F\omega^2 X = k_1\delta(x - x_1)\,[X(x_1) - A_1] + k_2\delta(x - x_2)\,[X(x_2) - A_2]\,, \qquad (8)$$
$$(k_i - m_i\omega^2)\,A_i = k_i X(x_i)\,, \qquad (i = 1, 2)\,.$$

From (8) we obtain an equation for the eigenfunction X

$$X^{\mathrm{IV}}(x) - \lambda^4 X(x) = \delta(x - x_1)\,\frac{m_1 A_1 \omega^2}{EJ} + \delta(x - x_2)\,\frac{m_2 A_2 \omega^2}{EJ} \qquad (9)$$

where $\lambda^4 = \dfrac{\varrho F}{EJ}\,\omega^2$ and A_1, A_2 are constants. The general solution of this equation is

$$X(x) = R\sin\lambda x + P\cos\lambda x + Q\,\mathrm{sh}\,\lambda x + S\,\mathrm{ch}\,\lambda x + \sum_{i=1}^{2} \frac{A_i m_i \omega^2}{2EJ\lambda^3}\,H(x - x_i)\,[-\sin\lambda(l - x_i) + \mathrm{sh}\,\lambda(l - x_i)] \qquad (10)$$

where R, P, Q, S are constants determined from the boundary conditions (3) and

$$H(x - x_i) = \begin{cases} 1 & \text{for} \quad x \geqq x_i\,, \\ 0 & \text{for} \quad x < x_i \end{cases} \qquad (i = 1, 2)\,.$$

Substituting (10) into (9) and taking (7) into account we obtain a system of linear equations for the constants P, Q, R, S, A_1, A_2:

$$P = 0\,, \qquad S = 0\,,$$

$$R\sin\lambda l + Q\,\mathrm{sh}\,\lambda l + A_1\frac{\alpha_1}{2\lambda^3}\left(\frac{\omega}{\omega_{01}}\right)^2 [\,]_1 + A_2\frac{\alpha_2}{2\lambda^3}\left(\frac{\omega}{\omega_{02}}\right)^2 [\,]_3 = 0\,,$$

$$-R\sin\lambda l + Q\,\mathrm{sh}\,\lambda l + A_1\frac{\alpha_1}{2\lambda^3}\left(\frac{\omega}{\omega_{01}}\right)^2 [\,]_2 + A_2\frac{\alpha_2}{2\lambda^3}\left(\frac{\omega}{\omega_{02}}\right)^2 [\,]_4 = 0\,,$$

$$R\sin\lambda x_1 + Q\,\mathrm{sh}\,\lambda x_1 - A_1\left[\left(\frac{\omega}{\omega_{01}}\right)^2 - 1\right] = 0\,, \qquad (11)$$

$$R\sin\lambda x_2 + Q\,\mathrm{sh}\,\lambda x_2 + A_1\frac{\alpha_1}{2\lambda^3}\left(\frac{\omega}{\omega_{01}}\right)^2 [\,]_5 - A_2\left[\left(\frac{\omega}{\omega_{02}}\right)^2 - 1\right] = 0$$

where

$$[\,]_j = \mathrm{sh}\,(l - x_1) + (-1)^j \sin\lambda(l - x_2) \qquad (j = 1, 2, 3, 4)\,,$$
$$[\,]_5 = \mathrm{sh}\,\lambda(x_2 - x_1) - \sin\lambda(x_2 - x_1)\,,$$
$$\omega_{0i}^2 = \frac{k_i}{m_i}\,, \qquad \alpha_i = \frac{k_i}{EJ} \qquad (i = 1, 2)$$

which has a nontrivial solution provided its coefficient matrix is singular.

This condition can be transformed to the equivalent form

$$\begin{vmatrix} 0 & \mathrm{sh}\,\lambda l & \mathrm{sh}\,\lambda(l - x_1) & \mathrm{sh}\,\lambda(l - x_2) \\ -\sin\lambda l & 0 & \sin\lambda(l - x_1) & \sin\lambda(l - x_2) \\ \sin\lambda x_1 & \mathrm{sh}\,\lambda x_1 & \dfrac{2}{\alpha_1}\left(\lambda^3 - \dfrac{a_1}{\lambda}\right) & 0 \\ \sin\lambda x_2 & \mathrm{sh}\,\lambda x_2 & \mathrm{sh}\,\Delta x - \sin\Delta x & \dfrac{2}{\alpha_2}\left(\lambda^3 - \dfrac{a_2}{\lambda}\right) \end{vmatrix} = 0 \qquad (12)$$

where

$$a_i = \frac{\varrho F^2}{EJ}\,\omega_{0i}^2 \qquad (i = 1, 2)\,, \qquad \Delta x = x_2 - x_1\,.$$

The roots of equation (12) are the eigenvalues of the problem (9).

Remark 1. Denote by Λ the set of eigenvalues of the problem (9) and by Λ_0 the set of eigenvalues corresponding to the beam alone, $\Lambda_0 = \{\pi n, n = 1, 2, \ldots\}$. Then from (12) it is easy to verify that

— 1°) if $x_1 = 0$, $x_2 = l$, then $\Lambda = \Lambda_0 \cup \{\omega_{01}, \omega_{02}\}$,

— 2°) if $x_1, x_2 \in (0, 1)$, $x_1 = x_2 \neq 0{,}5l$, then $\Lambda \cap \Lambda = \emptyset$ (the eigenvalues of the beam are not solutions of (12)),

— 3°) for the values

$$l = 4\,[\mathrm{m}], \quad x_1 = \frac{3}{16}\,[\mathrm{m}], \quad x_2 = \frac{3}{4}\,[\mathrm{m}], \quad E = 2{,}06\cdot 10^{11}\left[\frac{\mathrm{N}}{\mathrm{m}^2}\right],$$

$$J = \frac{1{,}71\cdot 10^{-6}}{4^4} = 0{,}684\cdot 10^{-8}\,, \quad \varrho F = 81{,}6\left[\frac{\mathrm{Ns}^2}{\mathrm{m}^2}\right],$$

$$\alpha_1 = \frac{k_1}{EJ} = \frac{3 \cdot 10^5}{1{,}41 \cdot 10^3} = 2{,}13 \cdot 10^2\,[\mathrm{m}]\,,$$

$$\alpha_2 = \frac{k_2}{EJ} = \frac{3{,}75 \cdot 10^5}{1{,}41 \cdot 10^3} = 2{,}66 \cdot 10^2\,[\mathrm{m}]\,,$$

$$\omega_{01}^2 = \frac{k_1}{m_1} = \frac{3 \cdot 10^5}{12} = 25 \cdot 10^3 \left[\frac{\mathrm{N}}{\mathrm{m\,kg}}\right],$$

$$\omega_{02} = \frac{k_2}{m_2} = \frac{3{,}75 \cdot 10^5}{20} = 18{,}75 \cdot 10^3 \left[\frac{\mathrm{N}}{\mathrm{m\,kg}}\right];$$

the first eleven elements of Λ are

$$\Lambda = \{2{,}92;\ 5{,}02;\ 6{,}22;\ 7{,}42;\ 9{,}66;\ 12{,}4;\ 15{,}72;\ 18{,}87;\ 22{,}03;\ 25{,}12;\ 28{,}27\}$$

– 4°) if $x_1 = x_2 = 0{,}5l$, $\alpha_1 = \alpha_2$, $\omega_{01} = \omega_{02}$, then (12) has the form

$$\frac{4}{l\lambda\alpha_1} \sin\frac{\lambda l}{2}\left(\lambda^4 - \frac{\varrho F}{EJ}\,\omega_{01}^2\right)\left[2\cos\frac{\lambda l}{2}\,\mathrm{sh}^2\frac{\lambda l}{2} - \mathrm{sh}\,l\lambda \sin\frac{\lambda l}{2} + {}\right.$$
$$\left. + - 2\cos\frac{\lambda l}{2}\,\mathrm{sh}\,\lambda l \frac{1}{l\lambda\alpha_1}\left(\lambda^4 - \frac{\varrho F}{EJ}\,\omega_{01}^2\right)\right] = 0$$

or

$$\left(\sin\frac{\lambda l}{2}\right)\left(\lambda^4 - \frac{\varrho F}{EJ}\,\omega_{01}^2\right)\left[\mathrm{tg}\frac{\lambda l}{2} - 2\left(\frac{1}{2} - \frac{1}{\mathrm{e}^{\lambda} + 1} - \right.\right.$$
$$\left.\left. - \frac{1}{\alpha_1}\lambda^3 + \frac{\varrho F \omega_{01}^2}{\alpha_1 EJ}\,\frac{1}{\lambda}\right)\right] = 0\,,$$

hence

$$\Lambda = \{2\pi n;\ n = 1, 2, \ldots\} \cup \left\{\sqrt[4]{\frac{\varrho F}{EJ}\,\omega_{01}^2}\right\} \cup \Omega$$

where Ω is the set of zeros of the function

$$f(\lambda) = \mathrm{tg}\frac{\lambda}{2} - f_1(\lambda)\,,$$

$$f_1(\lambda) = 2\left(\frac{1}{2} - \frac{1}{\mathrm{e}^{\lambda} + 1} - \frac{1}{\alpha_1}\lambda^3 + \frac{\varrho F \omega_{01}^2}{\alpha_1 EJ}\,\frac{1}{\lambda}\right).$$

For $\alpha_1 = 2{,}66 \cdot 10^2$, $\frac{\varrho F}{EJ}\,\omega_{01}^2 = 1447$ (it is divided by $l^4 = 256$), the elements of Ω are abscissae of the intersection points of the curves $y = \mathrm{tg}\frac{\lambda l}{2}$, $y = f_1(\lambda)$ as shown in figure 2.

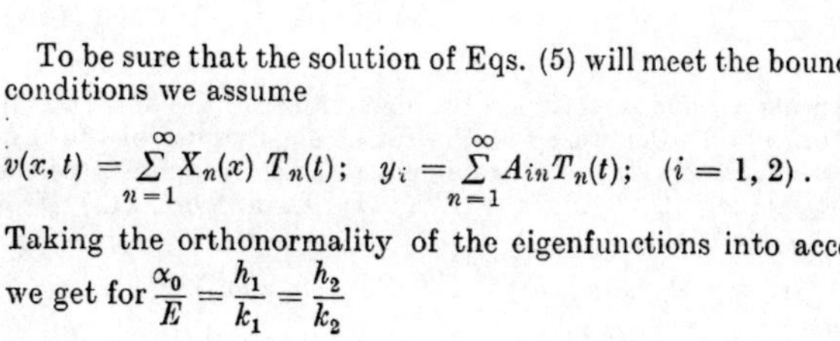

Fig. 2

To be sure that the solution of Eqs. (5) will meet the boundary conditions we assume

$$v(x, t) = \sum_{n=1}^{\infty} X_n(x)\,T_n(t);\quad y_i = \sum_{n=1}^{\infty} A_{in} T_n(t);\quad (i = 1, 2)\,. \tag{13}$$

Taking the orthonormality of the eigenfunctions into account we get for $\frac{\alpha_0}{E} = \frac{h_1}{k_1} = \frac{h_2}{k_2}$

$$\ddot{T}_n(t) + \frac{\alpha_0}{E}\,\omega_n^2 \dot{T}(t) + \omega_n^2 T_n(t) = -\ddot{w}(t)\,\frac{M \int_0^l X_n(x)\,\mathrm{d}x}{\gamma_n^2} + {}$$
$$+ - \frac{k_1 X_n(x_1) + k_2 X_n(x_2)}{\gamma_n^2}\left[\frac{\alpha_0}{E}\,\dot{w}(t) + w(t)\right] + {}$$
$$+ \frac{l(k_1 A_1 + k_2 A_2)}{\gamma_n^2}\left[\frac{\alpha_0}{E}\,\dot{w}(t) + w(t)\right]. \tag{14}$$

Knowing a general solution of Eqs. (14) we can select such values of the parameters h_1, k_1, h_2, k_2 with the condition $\frac{\alpha_0}{E} = \frac{h_1}{k_1} = \frac{h_2}{k_2}$ as to obtain minimum values of the system response for particular integrals $T_n(t)$. Thus and according to Eqs. (13), the mass displacement on the beam will take minimum values.

Let us consider the stability of a linear discrete-continuous system of the $(\infty, 1)$-type which consists of an elastic beam supported at each end and the lumped mass linked with the beam by means of linear dissipative-elastic elements. Assumptions made for the model presented in Fig. 3 are similar to those in the system of $(\infty, 2)$ type.

The dynamic motion equations of the above system are

$$m\ddot{u}(t) + 2h\,[\dot{u}(t) - \dot{v}(x_1, t)] + k[u(t) - v(x_1, t)] = 0\,,$$
$$EJ\,\frac{\partial^4 v}{\partial x^4} + \alpha_0 J\,\frac{\partial^5 v}{\partial x^4\,\partial t} + \varrho F\,\frac{\partial^2 v}{\partial t^2} = \delta(x - x_1) \times \tag{15}$$
$$\times \{k([u(t) - v(x_1, t)] + 2h[\dot{u}(t) - \dot{v}(x_1, t)]\}$$

with the boundary conditions

$$v(0, t) = v(l, t) = \frac{\partial^2 v(0, t)}{\partial x^2} = \frac{\partial^2 v(l, t)}{\partial x^2} = 0\,. \tag{16}$$

We shall consider LIAPUNOV stability of the above system for each stationary $x \in [0, 1]$. We shall use the second method of LIAPUNOV to determine stability i.e. by generating a LIAPUNOV function $W(u, v)$ as a sum of kinetic and potential energy of the system. With the abbreviations

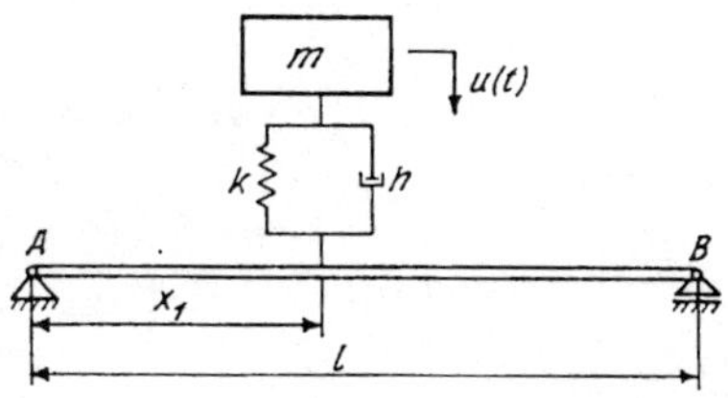

Fig. 3

$$\frac{\partial^n v(x, t)}{\partial x^n} = v_{x^n};\qquad \frac{\partial^n v(x, t)}{\partial t^n} = v_{t^n};\qquad \frac{\partial^n u(x, t)}{\partial t^n} = u_{t^n} \tag{17}$$

the LIAPUNOV function [1] can be written as

$$W(u, v) = E + V = \frac{1}{2}\,\varrho F \int_0^l \left[v_t^2(x, t) + \frac{EJ}{\varrho F}\,v_{x^2}^2(x, t)\right] \mathrm{d}x + {}$$
$$+ \frac{1}{2}\,m u_t^2 + \frac{1}{2}\,k[u(t) - v(x_1, t)]^2\,. \tag{18}$$

Let us calculate the time derivative of the function $W(u, v)$ along the solutions of Eqs. (15):

$$\frac{\mathrm{d}W(u, v)}{\mathrm{d}t} = \varrho F \int_0^l [v_t(x, t)\,v_{t^2}(x, t) + \frac{EJ}{\varrho F}\,v_{x^2}(x, t)\,v_{x^2t}(x, t)]\,\mathrm{d}x + {}$$
$$+ m u_t(t)\,u_{t^2}(t) + k[u(t) - (vx_1, t)]\,[u_t(t) - v_t(x_1, t)] = {}$$
$$= \int_0^l \{-EJ v_{x^4} v_t - \alpha_0 J v_{x^4t} + \delta(x - x_1) k v_t(x, t)[u - v(x, t)] + {}$$
$$+ \delta(x - x_1)\,2h v_t(x, t)\,[u_t - v_t(x, t)] + EJ v_{x^2} v_{x^2t}\}\,\mathrm{d}x + {}$$
$$+ u_t\,\{-2h[u_t - v_t(x_1, t)] + k[u - v(x_1, t)]\} + {}$$
$$+ k[u - v(x_1, t)]\,[u_t - v_t(x_1, t)]\,. \tag{19}$$

Because of

$$\int_0^l v_{x^4} v_t\,\mathrm{d}x = [v_{x^3} v_t|_0^l - v_{x^2} v_{xt}|_0^l] + \int_0^l v_{x^2} v_{x^2t}\,\mathrm{d}x$$

and the boundary conditions (16) we have

$$\int_0^l v_{x^2} v_t\,\mathrm{d}x = \int_0^l v_{x^2} v_{x^2t}\,\mathrm{d}x \tag{20}$$

and similarly

$$\int_0^l v_{x^4t} v_t\,\mathrm{d}x = \int_0^l (v_{x^2t})^2\,\mathrm{d}x\,. \tag{21}$$

Putting the calculated integrals (20) and (21) into (19) we get

$$\frac{\mathrm{d}W(u, v)}{\mathrm{d}t} = -\alpha_0 J \int_0^l (v_{x^2t})^2 \,\mathrm{d}x - 2h[u_t - v_t(x_1, t)]^2 < 0 \,. \quad (22)$$

Since the time derivative of the LIAPUNOV function for each $x \in [0, 1]$ is negative, the linear system of the $(\infty, 1)$-type is asymptotically stable.

We shall consider now a nonlinear model of a discrete-continuous system of the $(\infty, 1)$-type consisting of a viscoelastic beam and a lumped mass linked together by nonlinear dissipative-elastic elements. The dynamic motion equations of this system are

$$\begin{aligned} &EJv_{x^4} + \alpha_0 J v_{x^4t} + \varrho F v_{t^2} = \delta(x - x_1)\,[f(u - v) + g(u_t - v_t)]\,, \\ &mu_{t^2} + g[u_t - v_t(x_1, t)] + f[u - v(x_1, t)] = 0\,. \end{aligned} \quad (23)$$

Now the LIAPUNOV function can be written in the following form:

$$W(u, v) = \frac{1}{2}\varrho F \int_0^l \left(v_t^2 + \frac{EJ}{\varrho F} v_{x^2}\right) \mathrm{d}x + \frac{1}{2} m u_t^2 + \int_0^{u - v(x_1,t)} f[u - v(x_1, t)]\, d[u\, v(x_1, t)]\,. \quad (24)$$

Assuming

$$f[u - v(x, t)\, d[u - v(x_1, t)] > 0 \quad (25)$$

this function is always non-negative. Taking (20) and (21) into consideration, the time derivative of the function $W(u, v)$ along the solutions of Eqs. (23) is

$$\begin{aligned} \frac{\mathrm{d}W(u, v)}{\mathrm{d}t} &= \varrho F \int_0^l \left(v_t v_{t^2} + \frac{EJ}{\varrho F} v_{x^2} v_{x^2t}\right) \mathrm{d}x + m u_t u_{t^2} + \\ &+ [u_t - v_t(x_1, t)]\, f[u - v(x_1, t)] = \\ &= -\alpha_0 J \int_0^l (v_{x^2t})^2 \,\mathrm{d}x - [u_t - v_t(x_1, t)]\, g[u_t - v_t(x_1, t)] < 0 \end{aligned} \quad (26)$$

assuming that

$$[u_t - v_t(x_1, t)]\, g[u_t - v_t(x_1, t)] > 0\,. \quad (27)$$

If the conditions (25) and (27) are valid the nonlinear discrete-continuous system of the $(\infty, 1)$-type is asymptotically stable.

Similiarly we can prove by means of the second LIAPUNOV method that nonlinear discrete-continuous systems of the (∞, n)-type which include dissipative elements are asymptotically stable.

Conclusions

1. The method presented enables to select the discrete-continuous system parameters on the condition that $\frac{\alpha_0}{E} = \frac{h_1}{k_1} = \frac{h_2}{k_2}$. Since $\alpha_0 E$ is very small, it is possible to select such parameters which meet the vibroisolation requirements within a certain range.

2. Determining the stability of discrete-continuous systems is analogical to discrete systems on condition that the LIAPUNOV function equals the sum of kinetic and potential energy.

References

1 Барбашин, Б. А., Введение в теорию устойчисовти, Москва Наука 1967.

2 Димитров, А. С., Критические скорости движения подрессорного груза, Проблемы Машиностроения, Вып. 5 стр. 25–33, АНУССР Киев Науковая Думка 1977.

3 Гелфанг, М., Шилов, С. Э., Обобщенные функции и действия над ними, Москва Наука 1959.

4 INGLIS, C. E., A Mathematical Treatise on Vibrations in Railway Bridges, Cambridge University Press, 1964.

5 Каспрзык, С., Дан-Тинх, Собственные колебания некоторой консервативной системы с распределенными и сосредоточенными параметрами, Nonlinear Vibration Problems PAN 9. 1978 p. 263–272.

Adresses: Dr. ing. H. JAWOROWSKI, Doz. Dr. ing. S. KASPRZYK, Dr. ing. J. WAPIENNIK, Institute of Mechanics and Vibroacoustics, University of Mining and Metallurgy, 30-059 Cracow, Al. Mickiewicza 30, Poland.

BUCHBESPRECHUNGEN

Lovász., L., Combinatorial Problems and Exercises. Budapest, Akademiai Kiadó & Amsterdam-New York-Oxford, North-Holland Publishing Company 1979. 551 S., 122 Abb., Ft 870.–. ISBN 963-05-1469-9

Die Kombinatorik (insbesondere die Theorie der Graphen und Hypergraphen) hat sich in den letzten Jahren in nicht mehr zu ignorierender Weise zu einer reichen mathematischen Disziplin mit eigener Problematik und eigenständigen Prinzipien entfaltet, deren Bedeutung sowohl für viele andere Bereiche der Mathematik als auch für die Lösung mannigfacher praktischer Aufgaben ständig wächst. Mit seinem Buche hat sich der auf dem Gebiet der Kombinatorik bestens legitimierte ungarische Mathematiker LÁSZLÓ LOVÁSZ die Aufgabe gestellt, die grundlegenden Prinzipien und Beweistechniken, ohne deren Kenntnis eine erfolgreiche Beschäftigung mit praktischen und theoretischen Aufgaben kombinatorischen Charakters heute kaum noch möglich ist, dem Leser nahe zu bringen. Dies erreicht er durch eine von der herkömmlichen Lehrbuchform durchaus abweichende Darstellungsweise: anhand von systematisch angeordneten und in ihrem Schwierigkeitsgrad wachsenden Aufgaben und Aufgabenfolgen wird der zum intensiven Mitdenken bereite Leser Schritt für Schritt mit den Besonderheiten kombinatorischer Schlußweisen vertraut gemacht.

Das Buch ist in drei Hauptteile gegliedert: In Teil I „Problems“ werden auf 80 Seiten insgesamt 607 Probleme formuliert, Teil II „Hints“ gibt auf 48 Seiten einige Lösungshinweise, und Teil III „Solutions“ schließlich enthält auf 387 Seiten die kompletten Lösungen; außerdem enthält das Buch neben dem (sehr lesenswerten) „Preface“ (4 Seiten) die Abschnitte „Dictionary“, „Notation“, „Index of the abbreviations of textbooks and monographs“, „Subject Index“ und „Author Index“ (zusammen 23 Seiten). Jeder der drei Hauptteile ist in 15 einander entsprechende Abschnitte gegliedert; jedem Abschnitt sind einige kurze grundlegende Erläuterungen und Definitionen vorangestellt. Bei der Auswahl der Probleme mußte sich der Autor zwangsläufig gewisse Einschränkungen auferlegen. Die 15 Abschnitte (in Klammern ist jeweils die Anzahl der Probleme angegeben) sind: Basic enumeration (45); The sieve (37); Permutations (31); Two classical enumeration problems in graph theory (36); Parity and duality (38); Connectivity (78); Factors of graphs (53); Independent sets of points (27); Chromatic number (57); Extremal problems for graphs (44); Spectra of graphs (26); Automorphisms of graphs (25); Hypergraphs (57); RAMSEY Theory (31); Reconstruction (22).

Freilich erfordert die Lektüre dieses beeindruckenden Werkes ein gewisses Umdenken und vor allem die feste Bereitschaft zur eigenen Mitarbeit. So erweist sich das Buch als für ein intensives Studium sehr gut geeignet, da durch den Zwang zum Nachdenken das Verständnis beim Leser tief verankert wird. Es ist ein Lehrbuch für (fortgeschrittene) Studenten und Wissenschaftler, die die Absicht haben, sich tiefer in Kombinatorik oder Graphentheorie einzuarbeiten; außerdem ist es auch als Nachschlagewerk verwendbar.

Mit seinem Werk hat L. LOVÁSZ einen wesentlichen Beitrag zur Bereicherung der kombinatorisch-graphentheoretischen Fachliteratur geleistet.

Ilmenau H. SACHS

Gohberg, I. / Krupnik, N., Einführung in die Theorie der eindimensionalen singulären Integraloperatoren. In deutscher Sprache herausgegeben von **E. Meister,** Deutsche Übersetzung von **B. Schüppel.** Mathematische Reihe 63. Basel-Boston-Stuttgart, Birkhäuser Verlag 1979. 379 S., sFr. 94.00. ISBN 3-7643-1020-0

In diesem Buch werden die für viele Anwendungen in der Mechanik und der mathematischen Physik wichtigen Klassen eindimensionaler singulärer Integraloperatoren der Gestalt

$$(A\varphi)(t) := c(t)\,\varphi(t) + \frac{d(t)}{\pi i}\int_{\Gamma}\frac{\varphi(\tau)}{\tau - t}\,d\tau\,,$$

$$(B\varphi)(t) := c(t)\,\varphi(t) + \frac{1}{\pi i}\int_{\Gamma}\frac{d(\tau)\,\varphi(\tau)}{\tau - t}\,d\tau$$

oder der allgemeinen Gestalt $A + T$ und $B + T$ betrachtet. Hierbei bezeichnet Γ eine geschlossene oder nichtgeschlossene stückweise LJAPUNOWsche Kurve in der komplexen Ebene; c und d sind auf Γ definierte komplexwertige beschränkte, meßbare Funktionen, und T ist ein linearer kompakter Operator. Das Integral ist im Sinne des CAUCHYschen Hauptwertes zu verstehen.

Im Unterschied zu klassischen Darstellungen auf diesem Gebiet, etwa den bekannten Monographien von N. I. MUSCHELISCHWILI, von N. P. VEKUA oder von F. D. GACHOV, machen die Verfasser des vorliegenden Buches im wesentlichen von den Ideen und Methoden der Funktionalanalysis Gebrauch. Dabei treten die klassischen Methoden keineswegs in den Hintergrund; vielmehr ist diese Monographie als eine gelungene Synthese der klassischen Ergebnisse und Methoden mit den in den letzten 15–20 Jahren erzielten Ergebnissen und den Methoden einer neuen Entwicklungsrichtung, die durch Arbeiten von S. G. MICHLIN und M. G. KREIN eingeleitet wurde, anzusehen.

Im Vordergrund steht die Gewinnung von Kriterien für die einseitige und zweiseitige Invertierbarkeit der Operatoren A und B, der FREDHOLM-Eigenschaft oder Semi-FREDHOLM-Eigenschaft bzw. der normalen Auflösbarkeit dieser Operatoren, das Auffinden der Formeln für ihre Indizes, die Beschreibung ihrer Nullräume und Bildräume und die Herleitung von Formeln für ihre einseitigen oder zweiseitigen Inversen. Den meisten Betrachtungen wird der Raum $L_p(\Gamma, \varrho)$ $(1 < p < \infty)$ zugrundegelegt mit einem Gewicht ϱ von der Form $\varrho(t) := \prod_{j=1}^{n} |t - t_j|^{\beta_j}$, wobei t_j $(j = 1, \dots, n)$ verschiedene Punkte der Kurve Γ bedeuten und β_j $(j = 1, \dots, n)$ reelle Zahlen sind, die den Bedingungen $-1 < \beta_j < p - 1$ genügen. Diese Bedingungen sind notwendig und hinreichend für die Beschränktheit des CAUCHYschen singulären Operators (d. h. $c \equiv 0$, $d \equiv 1$) im Raum $L_p(\Gamma, \varrho)$.

Im vorliegenden Buch werden ausführlich solche Operatoren A und B betrachtet, bei denen die Koeffizienten c und d Unstetigkeiten verschiedenen Typs haben: Unstetigkeiten erster Art, Unstetigkeiten zweiter Art vom fastperiodischen Typ u. a. Zu einem großen Teil wird an die Funktionen c und d nur die einzige Forderung gestellt, daß sie meßbar und beschränkt sind. Einen beträchtlichen Teil nehmen dabei die Resultate von I. B. SIMONENKO (Faktorisierung von beschränkten meßbaren Funktionen und die Invertierung der Operatoren A, B im Raum $L_p(\Gamma, \varrho)$) sowie die eigenen Ergebnisse der Verfasser (z. B. singuläre Integraloperatoren mit stückweise stetigen Koeffizienten) und die ihrer Mitarbeiter und Schüler ein. Das Buch enthält außerdem eine nahezu vollständige Darstellung der Theorie der stetigen FREDHOLM- und Semi-FREDHOLM-Operatoren in abstrakten BANACH-Räumen. In der vorliegenden Monographie werden nur skalare singuläre Integraloperatoren betrachtet; ihre aus der Zeitschriftenliteratur bekannte tiefschürfende Theorie der Matrizen von singulären Integraloperatoren mit stückweise stetigen Koeffizienten sowie der Algebren, die von solchen Operatoren erzeugt werden, haben die Verfasser hier nicht dargelegt. Auf die näherungsweise Lösung singulärer Integralgleichungen wird nur ganz am Rande eingegangen.

Die deutsche Ausgabe des Buches unterscheidet sich vom russischen Original durch zahlreiche Ergänzungen und Verbesserungen. So wurde z. B. das Kapitel XIII (Singuläre Operatoren mit beschränkten meßbaren Koeffizienten) nahezu neu geschrieben unter Berücksichtigung neuester Ergebnisse; zahlreiche Druckfehler wurden beseitigt. Außerdem ist die deutsche Ausgabe mit einer Reihe von Figuren ausgestattet, die teilweise wesentlich zum besseren Verständnis des Stoffes beitragen. Das Buch ist sehr systematisch aufgebaut und gut lesbar. Beim Leser werden nur Grundkenntnisse aus der Analysis, Funktionalanalysis und Funktionentheorie vorausgesetzt. Das Buch kann jedem Leser, der an der Theorie der Integralgleichungen oder allgemein an Anwendungen der Funktionalanalysis interessiert ist, wärmstens empfohlen werden.

Berlin S. PRÖSSDORF

Dowell, E. H. / Curtiss Jr., H. C. / Scanlan, R. H. / Sisto, F. (eds.), A Modern Course in Aeroelasticity. Monographs and textbooks of solids and fluids. Alphen aan den Rijn, Sijthoff & Noordhoff International Publishers bv 1978. XV, 479 S., Dfl. 170.–, US $ 85.–. ISBN 90-286-0057-4

Das Gebiet der Aeroelastizität, dem dieses Buch gewidmet ist, umfaßt die Untersuchung aller Erscheinungen, die sich aus dem Zusammenwirken von elastischen und Trägheitskräften in festen Körpern mit aerodynamischen Wirkungen ergibt. Es ist bekannt, daß damit zusammenhängende Erscheinungen von hoher Bedeutung für Baukonstruktionen, Kraftfahrzeuge und Turbomaschinen sind. Diesen speziellen Anwendungsgebieten ist je ein gesondertes Kapitel gewidmet, wobei verständlicherweise Instabilitätserscheinungen im Vordergrund der Betrachtungen stehen.

Das Buch beginnt jedoch mit einer ausführlichen und gut verständlichen Einführung, wobei zunächst die aerodynamischen Wirkungen auf ruhende Festkörper, dann stationäre Bewegungen der Festkörper und zuletzt instationäre Bewegungen behandelt werden. Die vom Lesenden geforderten mathematischen und physikalischen Vorkenntnisse entsprechen etwa dem Niveau, das man bei den Studenten höherer Studienjahre im Ingenieurstudium an technischen Hochschulen voraussetzen kann. Es ist selbstverständlich, daß der gleiche Stil für die obengenannten Anwendungen nicht durchgehalten werden kann. Hier werden Spezialkenntnisse vorausgesetzt — in vielen Fällen muß man sich auch auf die Beschreibung von Erscheinungen und die prinzipielle Darstellung ihrer Untersuchung beschränken.

Alles in allem handelt es sich um eine sehr gute Einführung in ein wichtiges Gebiet der Ingenieurwissenschaften, das den Leser in den Stand setzt, weiterführende Literatur für die Lösung seiner speziellen Aufgaben heranzuziehen.

Magdeburg U. FISCHER

Achenbach, J. D., A Theory of Elasticity with Microstructure for Directionally Reinforced Composites. CISM Courses and Lectures 167. Wien-New York, Springer-Verlag. 1975. 139 S., $ 207.–. DM 30,–.

Das Buch basiert auf Vorträgen des Verfassers zum Thema „Mechanische Eigenschaften von gerichtet verstärkten Verbundwerkstoffen unter dynamischen Lastbedingungen" und besteht aus den drei Abschnitten

- Die Theorie der effektiven Moduln
- Der gerichtet verstärkte Verbundwerkstoff als ein homogenes Kontinuum mit Mikrostruktur
- Ergänzung, Spezialtheorie und Vergleich mit experimentellen Ergebnissen.

Die ersten beiden Abschnitte werden im wesentlichen unabhängig voneinander abgehandelt. Im letzten Abschnitt werden die analytischen Ergebnisse mit den Daten aus Ultraschall-Versuchen und mit Resultaten der Methode der finiten Elemente verglichen. Die Theorie der effektiven Moduln wird auf Theoremen für gemittelte Spannungen und gemittelte Dehnungen aufgebaut. Es werden zweckmäßige Methoden zur Berechnung effektiver Moduln entwickelt sowie obere und untere Grenzen für dieselben am Beispiel des effektiven Schubmoduls angegeben. Mit den effektiven Moduln wird die Wellenausbreitung in einem geschichteten Medium untersucht. Eingeleitet wird dieser Abschnitt mit Ausführungen zu faserverstärkten Verbundwerkstoffen und zur klassischen linearen Elastizitätstheorie.

Der dem Titel des Buches entsprechende Abschnitt beschäftigt sich mit der Aufstellung und Lösung von Bewegungsgleichungen für geschichtete Platten und gerichtet armierte Verbundwerkstoffe. Die im Verbund vorhandenen Werkstoffe werden als homogen und isotrop, jedoch mit unterschiedlichen Elastizitätskonstanten vorausgesetzt. Die Mikrostruktur des Verbundkörpers wird dadurch erfaßt, daß von einer zunächst angenommenen Unterteilung in einzelne Zellen zu einem kontinuierlichen Modell übergegangen wird. Damit gibt es nicht mehr die für einzelne Zellen charakteristischen zweidimensionalen Funktionen, sondern für den gesamten Verbundwerkstoff gültige Funktionen, die jetzt aber von drei Koordinaten abhängen. Die Kompatibilitätsbedingungen werden dabei aus dem Grenzprozeß Schichtstärke gegen Null gewonnen. Bei den geschichteten Konstruktionen wird als Alternative zur Mittelung der Energie die Mittelung der Spannungen vorgeschlagen. Der Vorteil des die Mikrostruktur erfassenden Modells liegt im Gegensatz zur Theorie der effektiven Moduln vor allem darin, daß die Dispersion von Wellen beschrieben werden kann.

Im letzten Abschnitt werden ein verbessertes homogenes Kontinuumsmodell für einen Schichtwerkstoff und eine verallgemeinerte Kontinuumstheorie für faserverstärkte Verbundmaterialien vorgestellt. Vor allem belegt dieser Abschnitt eine gute Übereinstimmung zwischen verschiedenen Experimenten und der entwickelten Theorie. Behandelt wird die Wellenausbreitung in Schichtwerkstoffen und in einachsig durch Fasern armierten Verbunden. Betrachtet werden z. B. ein Stahl/Kupfer-Schichtverbund, Borfasern in einer Epoxydharzmatrix und Wolframfasern in Aluminium.

Berlin W. Kaiser

Chorin, A. J. / Marsden, J. E., A Mathematical Introduction to Fluid Mechanics. Universitext. Berlin-Heidelberg-New York, Springer-Verlag 1979. VII, 205 S., 85 Abb., DM 29,–; US $ 16.–. ISBN 3-540-90406-9

Die Autoren geben eine kurzgefaßte, gut lesbare Einführung in Probleme der Strömungsmechanik. Sie versuchen den Leser für dieses Gebiet zu interessieren, indem sie einen großen Teil der Behauptungen beweisen, Schwierigkeiten diskutieren und offene Probleme anführen. In Stichpunkten der Inhalt: Bewegungsgleichungen (Erhaltungssätze, Eulersche Gleichungen, Rotation und Wirbel, Sätze von Kelvin, Bernoulli, Helmholtz, Navier-Stokes-Gleichungen); Potentialströmung und schwach viskose Strömung (Kutta-Jukowski-Formel, D'Alembertsches Paradox, Systeme von Wirbeln, Grenzschichtgleichungen von Prandtl); eindimensionale Gasströmung (schwache Lösungen, Stoßwellen, Rankine-Hugoniot-Beziehungen, Entropiebedingung, Riemann-Problem und seine Lösung nach Godunow und Glimm, Verbrennungs-(Detonations-)Wellen). Kurz beschrieben sind auch einige (Zufallszahlen verwendende) numerische Zugänge. Die Literaturhinweise hätten um etliche Zitate reicher sein können. Im Offsetdruck hergestellt, beeindruckt das Buch durch seine Sauberkeit, enthält aber so manchen Tippfehler.

Berlin G. Stoyan

Hora, H., Nonlinear Plasma Dynamics at Laser Irradiation. Notes from lectures presented during the winter semester 1978/79 at the Department of Laser Physics, Institute of Applied Physics, University Berne, Switzerland, written under editorial assistance of **P. Schwarzenbach.** Lecture Notes in Physics 102. Berlin-Heidelberg-New York, Springer-Verlag 1979. VIII, 242 S., 89 Abb., DM 25,–. US $ 13.80. ISBN 3-540-09502-0

Auf den ersten 18 Seiten werden Phänomene beschrieben, die auftreten, wenn Laserstrahlen in Wechselwirkung treten mit Targets, Gasen und mit Plasmen, die gewöhnlich durch einen Laserstrahl selbst erzeugt werden. Ausgehend von den hydrodynamischen Grundgleichungen und den Maxwellschen Gleichungen der Elektrodynamik gewinnt Verfasser in Gestalt des Zweiflüssigkeitsmodells die Schlueterschen Gleichungen der Plasmadynamik. Eingehend wird der Brechungsindex und die elektrische Leitfähigkeit analysiert. Auf dieser Grundlage werden Wellen im inhomogenen Plasma behandelt. Bei der Erörterung der Bewegungsgleichungen wird besonders auf die Kräfte thermokinetischen Ursprungs eingegangen. Mit numerischen Methoden wird die Wirkung von Solitons auf das Plasma untersucht; die Ergebnisse werden mit Messungen verglichen. Eingehend wird die Ausbreitung ebener Wellen in einem geschichteten Plasma studiert, dabei spielt eine besondere Rolle der Fall der Resonanzabsorption. Ein eigener Abschnitt ist der Selbstfokussierung von Laserstrahlen im Plasma gewidmet; dabei ist von besonderer Wichtigkeit der Gesichtspunkt, daß für Zwecke der Kernfusion die Selbstfokussierung vermieden werden muß. Im Anschluß daran wird die durch Laserstrahlen bewirkte Plasmakompression besprochen, die eine zentrale Rolle bei der kontrollierten Kernfusion einnimmt und entscheidend für die Energieerzeugung durch Kernfusion ist. – Methodisch wechselt die Darstellung zwischen einer systematischen von beobachteten Phänomenen ausgehenden Entwicklung der theoretischen Grundlagen mit einer neue Forschungsergebnisse referierenden Betrachtungsweise. Dabei muß für ein tiefer gehendes Verständnis der aktuellen Forschung die Originalliteratur zu Rate gezogen werden. Das 293 Titel umfassende Literaturverzeichnis dürfte dafür sehr hilfreich sein. Da der Autor an der Forschung selbst aktiv beteiligt ist, vermitteln diese gedruckten Vorlesungen ein lebendiges Bild dieses gegenwärtig sehr wichtigen Gebietes der theoretischen Physik.

Berlin J. Förste

Schlichting, H., Boundary-Layer Theory. Transl. by **J. Kestin.** 7th ed. McGraw-Hill Series in Mechanical Engineering. New York-St. Louis-San Francisco-Auckland-Bogotà-Düsseldorf-Johannesburg-London-Madrid-Mexico-Montreal-New Delhi-Panama-Paris-São Paulo-Singapore-Sydney-Tokyo-Toronto, McGraw-Hill Book Company 1979. XXII, 817 S., 429 Abb., 3 Tab., £ 9.23. ISBN 0-07-055334-3.

Die vorliegende 7. Auflage dieses zuerst 1951 erschienenen Standardwerkes der Grenzschichttheorie enthält wiederum zahlreiche Ergänzungen. In erster Linie handelt es sich dabei um solche Fragestellungen, die erst durch die moderne Rechentechnik lösbar wurden. Das betrifft numerische Lösungen der Navier-Stokesschen Gleichungen für relativ große Reynoldssche Zahlen, der Grenzschichtgleichungen für laminare und turbulente Strömungen und der Orr-Sommerfeldschen Gleichung der Stabilitätstheorie. Neu aufgenommen wurde auch die exakte Behandlung der instationären Staupunktströmung und die Theorie der laminaren Grenzschichten 2. Ordnung. Vollständig überarbeitet wurden die Kapitel über zweidimensionale turbulente inkompressible Grenzschichten, über die Stabilität der laminaren Grenzschicht unter Berücksichtigung von Kompressibilität und Wärmeübergang sowie der Abschnitt über Verluste bei Kaskadenströmungen. In bezug auf die mathematischen Untersuchungen der Grenzschichtgleichungen und ihres asymptotischen Zusammenhangs mit den Navier-Stokesschen Gleichungen begnügt sich Verf. mit der Formulierung ..., certain mathematicians have expended much effort to create a "mathematical proof" for the validity of these simplifications;...

Da einerseits umfangreiche Textteile seit der ersten Auflage von 1951 unverändert geblieben sind und andererseits zahlreiche erst in den letzten Jahren gewonnene Ergebnisse in die neue Auflage Eingang gefunden haben, vermittelt das Werk in seiner jetzigen Gestalt ein Bild davon, wie wissenschaftlicher Fortschritt vor sich geht.

Berlin J. Förste

Beiglböck, W. / Böhm, A. / Takasugi, E. (eds.), Group Theoretical Methods in Physics. Seventh International Colloquium and Intergrative Conference on Group Theory and Mathematical Physics, Held in Austin, Texas, September 11–16, 1978. Lecture Notes in Physics 94. Berlin-Heidelberg-New York, Springer-Verlag 1979. XIII, 540 S., 26 Abb., 3 Tab. DM 46,–; US $ 25.30. ISBN 3-540-09238-2

The aim of the VIIth International Group Theory Colloquium in Austin was to bring together physicists, mathematicians, and chemists working on fields related to group theory. Therefore the content of the conference includes a large variety of talks on recent advances in different directions of group theory. In more detail the following subjects are treated: Group theory in solid-state physics, in atomic and molecular physics, in quantum mechanics, for decaying systems, in general relativity, in nuclear physics, in particle physics; gauge groups and solitons, symplectic structure and geometric quantization, spectrum generating groups, fiber bundles and extended particle structure, supergravity and graded Lie algebras. Each chapter contains some review articles explaining recent developments for non-specialists. The other talks are more technical interesting for special scientists engaged in the subject considered.

Berlin M. Demuth

Krabs, W. Einführung in die Kontrolltheorie. Die Mathematik – Einführung in Gegenstand und Ergebnisse ihrer Teilgebiete und Nachbarwissenschaften. Wissenschaftliche Buchgesellschaft, Darmstadt 1978. X, 152 S., 4 Abb., DM 18,–. ISBN 3-534-07720-2

Der bekannte Fachmann der Approximations- und Kontrolltheorie und Verfasser verschiedener anerkannter Lehrbücher versteht es in diesem neuen Büchlein, den Leser durch einen relativ elementaren Zugang mit grundlegenden Sachverhalten der optimalen Steuerung gewöhnlicher linearer Differentialgleichungssysteme bei punktweiser Steuerbeschränkung vertraut zu machen. Eingegangen wird auf die Approximation eines vorgegebenen Endzustandes bei fester Endzeit („Kontroll-Approximationsproblem"), auf zeitoptimale Probleme und die Aufgabe, die Nullage in fester Zeit mit einer Steuerfunktion minimaler Norm zu erreichen („Kontroll-Optimierungsproblem"). Dafür werden Steuerbarkeitskriterien, Bang-Bang-Eigenschaften und Methoden zur Berechnung optimaler Steuerungen hergeleitet.

Es gibt kaum ein Buch im deutschen Sprachgebrauch, in dem dieses Gebiet so elementar aber doch mathematisch streng in geschlossener Form abgehandelt wird. Da diese Einführung auch eine Reihe neuer Beweisideen enthält, ist ihre Lektüre sowohl dem interessierten Ingenieur als auch dem auf dem Gebiet der optimalen Steuerung arbeitenden Mathematiker zu empfehlen.

Freiberg F. Tröltzsch

Kohlmann, M. / Vogel, W. (eds.), Stochastic Control Theory and Stochastic Differential Systems. Proceedings of a Workshop of the „Sonderforschungsbereich 72 der Deutschen Forschungsgemeinschaft an der Universität Bonn" which took place in January 1979 at Bad Honnef. Lexture Notes in Control and Information Sciences 16. Berlin-Heidelberg-New York, Springer-Verlag 1979. XII, 615 S., 15 Abb., 1 Tab., DM 60,—, US $ 33.00. ISBN 3-540-09480-6

This book contains the proceedings of the conference on 'Stochastic control theory and stochastic differential systems' which took place in January 1979 at Bad Honnef, FRG. The first part presents survey lectures which may be considered as introduction to actual topics of stochastic system theory. They are more or less understandable also for non-experts. The following fourteen survey lectures were presented: A. V. Balakrishnan, White noise models in non-linear filtering and control; A. Bensoussan, Optimal impulsive control theory; J. M. Bismut, An introduction to duality in random mechanics; R. F. Curtain, Linear stochastic Itô equations in Hilbert spaces; M. H. A. Davis, Martingale methods in stochastic control; T. E. Duncan, A geometric approach to linear control and estimation; R. J. Elliott, The martingale calculus and applications; A. Friedman, Interaction between stochastic differential equations and partial differential equations; H. Kushner, Approximations of solutions to differential equations with random inputs by diffusion processes; R. Rishel, Optimal conditions and sufficient statistics for controlled jump processes; J. van Schuppen, Stochastic filtering theory: A discussion of concepts, methods, and results; J. Zabczyk, Introduction to the theory of optimal stopping.

The second part of the book contains the contributions of all the other participants of the conference. They represent the present state of research in the field of stochastic system theory. Most of the papers are devoted to stochastic control problems. e.g. Basar, Bertsch, Bismut, Borkar, Varaiya, Doshi, Duncan, Kohlmann, Rishel, Shreve, Tarres. Some other authors considered filtering problems, e.g. Korezlioglu, Maziotto, Szpirglas, Kunita, Pardoux, Sawitzki, Walk. Further, some interesting contributions on stochastic differential equations and martingale methods were presented by Hussaini, Elliott, Eisele, Grigelionis, Jacod, Rao, Sentis and Yershov. The other papers spread over the field of stochastic system theory.

This book gives a rather complete presentation of the actual methods used in stochastic system theory and contains many new results. It is also of interest for scientists using stochastic models in applied mathematics and other fields.

Berlin E. Platen

Langrock, P. / Jahn, W., Einführung in die Theorie der Markovschen Ketten und ihre Anwendungen. Mathematisch-Naturwissenschaftliche Bibliothek 49. BSB B.G. Teubner Verlagsgesellschaft, Leipzig 1979. 268 S., 15 Abb., 12 Tab., 29,— M. Best.-Nr. 665868 4

Das Buch gibt eine ziemlich vollständige Einführung in die Theorie der homogenen Markovschen Ketten. Es setzt nur Grundkenntnisse in höherer Mathematik, Wahrscheinlichkeitstheorie und Statistik voraus. Die Darstellung ist modern, ohne unnötig abstrakt zu sein. Nach einer Zusammenstellung von wahrscheinlichkeitstheoretischen Hilfsmitteln werden die Standardresultate gebracht, wie sie auch in den meisten anderen Lehrbüchern zu finden sind, nämlich Zustandsverteilungen und n-Schritt-Übergangswahrscheinlichkeiten, Klassifizierung der Zustände, erstmalige Übergangszeiten und Absorptionswahrscheinlichkeiten, Grenzwertsätze für die n-Schritt-Übergangswahrscheinlichkeiten und stationäre und Grenzverteilungen. Im Anschluß an ein kurzes Kapitel über statistische Grundbegriffe wird noch die Statistik Markovscher Ketten dargestellt, insbesondere das Schätzen der Übergangswahrscheinlichkeiten und das Prüfen von Hypothesen über die Übergangswahrscheinlichkeiten. Der Stoff wird durch eine Vielzahl gut ausgesuchter Anwendungsbeispiele ergänzt. Insgesamt ist das Buch eine gelungene Darstellung des Gebietes für Mathematiker und mathematisch gut vorgebildete Interessenten anderer verwandter Fachrichtungen.

Rüschlikon B. Meister

Aykaç, A. / Brumat, C. (eds.), New Developments in the Applications of Bayesian Methods. Proceedings of the First European Conference sponsored by the Centre Européen d' Education Permanente (CEDEP) and the Institut Européen d' Administration des Affaires (INSEAD) June 1976. Contributions to Economic Analysis 119. Amsterdam-New York-Oxford, North-Holland Publishing Company 1977. XXIV, 385 S., 21 Abb., 17 Tab., Dfl. 100.-, US $ 48.95. ISBN 0-444-8505 9-7

Es handelt sich bei diesem Buch, wie im Titel gesagt, um einen Konferenzband. Die Teilnehmer der Konferenz kamen aus Belgien, Frankreich, Großbritannien, Italien, den Niederlanden, Norwegen, Spanien, Schweden, der Schweiz, der Türkei und den USA. — Die Anwendung Bayesscher Methoden in der Statistik trifft auf zwei Schwierigkeiten: die Spezifizierung der a-priori-Wahrscheinlichkeiten und die analytische oder/und numerische Bewältigung der zur Berechnung der a-posteriori-Wahrscheinlichkeiten notwendigen Integrationen. Dem Abbau dieser Schwierigkeiten ist daher auch der Hauptteil der Beiträge im vorliegenden Band gewidmet. Die Herausgeber nennen de Finetti als den spiritus rector der Konferenz. Daher spielt bei den Problemen der Spezifizierung der a-priori-Wahrscheinlichkeiten das Konzept der subjektiven Wahrscheinlichkeit eine zentrale Rolle. Neben dem Beitrag de Finettis zur Konferenz (Kap. 1: Probabilities of probabilities: a real problem or a misunderstanding?) enthält der Band noch die englische Übersetzung seiner „Farewell lecture", Rom 29. 11. 76 (Kap. 21: Probability: beware of falsifications!) die für diese Konferenz um einen Anhang (The inconvenience of "Mathematical Convenience") erweitert wurde. Ebenfalls mit „philosophischen" Problemen der Wahrscheinlichkeit und des Bayesschen Zugangs beschäftigen sich die folgenden sechs Kapitel: 2. D. Hawkins: Probability, information and inference; 3. J. Marschak: Are norms unique? A brief remark.; 4. A. Aykac / C. Brumat: Some problematic aspects; of probability and observability; 5. D. V. Lindley: Costs and utilities; 6. R. M. Hogarth: Cognitive processes and the assessment of subjective probability distributions; 7. M. Toda: Causality, conditional probability and control. Die nächsten Kapitel wenden sich dann den technischen Problemen des Bayesschen Zugangs zu. Hier werden neue Typen von a-priori-Verteilungen vorgeschlagen, die eine praktische Behandlung der Integrationsaufgaben erlauben; im Vordergrund stehen dabei die linearen Modelle, vor allem die Regression: Kap. 9. B. M. Hill: Exact and approximate Bayesian solutions for inference about variance components and multivariate inadmissibility; 10. J. H. Drèze: Bayesian regressian analysis using poly-t densities; 11. J.-F. Richard: Bayesian analysis of the regression model when the disturbances are generated by an autoregressive process; 12. A. Zellner: Maximal data information prior distributions; 13. R. L. Winkler: Prior distributions and model building in regression analysis. Ab Kapitel 14 werden Probleme aus der unmittelbaren Anwendung Bayesscher Denkweise und Methoden in der Ökonometrie (14. H. K. van Dijk / T. Kloek: Predictive moments of simultaneous econometric models — a Bayesian approach; 15. J. Voranger: A statistical model of a financial conglomerate), der Psychologie (17. R.-A., G. Thietart: Uncertainty and human behaviour: a theory of expected inequity), der Theorie der optimalen Steuerung (18. S. C. Albright / R. S. Collins: A Bayesian approach to the optimal control of continuous industrial processes), der ökonomischen Entscheidungstheorie (19. R. V. BROWN: Modelling subsequent acts for decision analysis) und der Informationstheorie (20. M. DE FELICE / B. RIZZI: An analysis of language and information. Towards a much more "BAYESian" attitude) behandelt. Eine interessante und amüsante Anwendung in der Versicherungstheorie wird in Kap. 16 (K. BORCH: The Monster in Loch Ness) geliefert, wo der Autor darüber reflektiert, was die Lloyd-Versicherung veranlaßt haben könnte, einen schottischen Wiskyproduzenten dagegen zu versichern, daß eine Prämie von einer Million Pfund, die dieser auf die Fassung des lebenden Ungeheuers von Loch Ness ausgesetzt hatte, auch fällig wird. — Von den Beiträgen sind die Kapitel 5, 6, 10, 12, 16, 18, 19 und 21 (ohne den Anhang) bereits anderswo erschienen oder waren dazu vorgesehen.

Die vielfältigen neuen Vorschläge für die Technik und Anwendung der BAYESschen Theorie und die z. T. herzerfrischende Polemik über die Grundlagen der Wahrscheinlichkeitstheorie und mathematischen Statistik machen diesen Konferenzband nicht nur für die „BAYESianer" unter den Statistikern nützlich, interessant und lesenswert, sondern auch allen denjenigen, die die dort vertretenen Standpunkte nicht teilen.

Freiberg H. BANDEMER

Schwarz, H., Zeitdiskrete Regelungssysteme. Einführung. Friedr. Vieweg & Sohn, Braunschweig-Wiesbaden 1979. 150 S., 42 Abb., 6 Tab., DM 26,80. ISBN 3-528-03069-0

Die wichtigsten Grundbegriffe der Steuerung zeitdiskreter Systeme wie Steuerbarkeit, Beobachtbarkeit, Stabilität werden zusammen mit den Beschreibungsmethoden erläutert, bei denen besonderer Wert auf die Normalformdarstellung des Zustandsmodells linearer zeitinvarianter diskreter Systeme gelegt wird. Es folgen Transformationsmethoden für lineare Systeme auf der Grundlage der z-Transformation. Die komplexen Übertragungsfunktionen werden auch für Mehrgrößensysteme behandelt. Elegant ist die nahtlos angeschlossene Verallgemeinerung auf separierbare zeitvariable Systeme. Sorgfältig wird die Behandlung linearer Abtastsysteme durchgeführt und der Zusammenhang zwischen dem kontinuierlichen System und seinem zeitdiskreten Äquivalent herausgearbeitet. Daran schließt sich eine kurze Darlegung der wichtigsten Analyse- und Syntheseverfahren zeitdiskreter Regelsysteme wie Stabilitätsuntersuchung, Entwurf von Reglern nach vorgegebenem dynamischem Verhalten sowie Entwurf auf endliche Einstellzeit an. Trotz des geringen Umfanges des Buches werden in bemerkenswert klarer, systematischer und lebendiger Darstellung alle wichtigen Fragen der zeitdiskreten Regelung behandelt. Außer den Sätzen der Matrixalgebra werden dabei keine weiteren Vorkenntnisse vorausgesetzt, so daß der vorliegende Band als gelungene Einführung in die Theorie zeitdiskreter Regelungssysteme bezeichnet werden kann.

Berlin V. KEMPE

Krabs, W., Optimization and Approximation. Wiley, Interscience Publ. Chichester-New York-Brisbane-Toronto, John Wiley & Sons 1979. XII, 220 S., 14 Abb., £ 11.50. ISBN 0-471-99741-2

Mit dieser englischen Übersetzung des 1975 im Verlag B. G. Teubner, Stuttgart, erschienenen Hochschul-Lehrbuchs „Optimierung und Approximation" wird ein sehr geschätztes Werk zur Optimierungs- und Approximationstheorie einem erweiterten Nutzerkreis zugänglich gemacht. Gegenüber dem erwähnten deutschen Original (vgl. seine Besprechung in der ZAMM **58** (1978) S. 243/244) zeichnet sich die äußerlich vorzüglich ausgestattete englische Ausgabe durch eine übersichtlichere Numerierung von Formeln und Sätzen aus sowie durch kapitelweise Hinzunahme von Lösungsangaben und Lösungshinweisen bzgl. gestellter Aufgaben. Ansonsten sind bis auf geringfügige Korrekturen weder zum Inhalt noch im Literaturverzeichnis Änderungen oder Ergänzungen vorgenommen worden.

Leipzig R. KLÖTZLER

Hettich, R. (ed.), Semi-Infinite Programming. Proceeding of a Workshop, Bad Honnef, August 30—September 1, 1978. Lecture Notes in Control and Information Sciences 15. Berlin-Heidelberg-New York, Springer-Verlag 1979. X, 178 S., 9 Abb., 9 Tab., DM 21,50, US $ 11.90. ISBN 3-540-09479

Semi-infinite programming (SIP) deals with minimizing of a function f on n variables subject to an infinite number of constraints. — At first K. GLASHOFF presents duality theorems. Especially he has thrown light on important parts of the historical development and pointed out the connections with the theory of moments. Then A. BEN-TAL, M. TEBOULLE, J. ZOWE obtain second order necessary conditions for SIP and an interesting application to the best local nonlinear approximation. H.-J. KORNSTAEDT, extending his abstract variational theory of order m, gets necessary optimality conditions of higher order. In his first paper S.-A. GUSTAFSON discusses computational schemes, which have proofed effective in actual calculations. In his second he illustrates, how diverse numerical problems can be treated in a uniform manner by SIP. W. KRABS after historical remarks considers as SIP a special one-sided L_1 — approximation problem with weakly singular integral equations in the background. G. DAHLQUIST, G. H. GOLUB, S. G. NASH compute bounds for the errors in linear systems of equations. W. VAN HONSTEDE solves SIP using linear approximation method and discusses locally quadratic convergence. R. HETTICH compares some numerical methods for SIP, and together with VAN HONSTEDE they consider a class of methods, which solve SIP and converge superlinearly to a solution. K. ROLEFF after an interesting motivation discusses relative to stability the simplex method for SIP. P. R. GRIBIK gives an cutting-plane algorithm with convergence rate for a class of linear SIP.

Merseburg A. GÖPFERT

In der DDR beziehbar im Rahmen des Kontingents.

EINGEGANGENE BÜCHER

Bei der Schriftleitung sind folgende Bücher eingegangen (ausführliche Besprechung bleibt vorbehalten).

Kisbocskói, L. / Szabó, Á. (eds.), Proceedings of the Sixth Conference on Fluid Machinery. Vol. 1, 2. Scientific Society of Mechanical Engineers — Section of Technical Sciences, Hungarian Academy of Sciences. Budapest, Akadémiai Kiadó 1979. Insgesamt IX, IX, 1324 S., 787 Abb., 51 Tab., Ft. 1.850,—. ISBN 963-05-2082-6 vols 1—2; 2083-4 vol 1, 2084-2 vol 2

Marchuk, G. I. (ed.), Modelling and Optimization of Complex System. Proceedings of the IFIP-TC 7 Working Conference Novosibirsk, USSR, 3—9 July, 1978. Lecture Notes in Control and Information Sciences 18. Berlin-Heidelberg-New York, Springer-Verlag 1979. VI, 293 S., 59 Abb., 5 Tab., DM 28,50. US $ 15.70. ISBN 3-540-09612-4

Kowalsky, H.-J., Lineare Algebra. 9.,überarb. u. erweit. Aufl. de Gruyter Lehrbuch. Berlin-New York, Walter de Gruyter 1979. 367 S. DM 58,— (gebund.), DM 28,— (kart.). ISBN 3-11-008164-4/007835-X

Skalmierski, B., Mechanics of Strength of Materials. Studies in Applied Mechanics 1. Amsterdam-Oxford-New York, Elsevier Scientific Publishing Company; Warszawa, PWN-Polish Scientific Publishers 1979. X, 432 S., 253 Abb., 4 Tab., US $ 72.75, Dfl. 149.00. ISBN 0-444-99793-8

Athen, H. / Griesel, H. (Hrsg.), Mathematik heute — Grundkurs Stochastik. Materialien für die Sekundärstufe II, Mathematik. Hannover-Dortmund-Darmstadt-Berlin, Hermann Schroedel Verlag KG; Paderborn, Verlag Ferdinand Schöningh 1979. 132 S., DM 11,40. ISBN 3-507-83084-1

Fachkolloquium 1979, Möglichkeiten mathematischer Modelle bei der Lösung von Strömungsproblemen in Umweltschutz und Wasserbau, veranstaltet von den Sonderforschungsbereichen SFB 79, Universität Hannover; SFB 80, Universität Karlsruhe; SFB 81, TU München, SFB 94, Universität Hamburg, Karlsruhe, den 24.—25. 9. 1979. SFB 80, Universität Karlsruhe, Kaiserstraße 12, D-7500 Karlsruhe. 191 S.

NACHRICHTEN

Klaus Oswatitsch 70 Jahre

Am 10. März 1980 wurde Prof. Dr. phil. Dr.-Ing. e. h. Klaus Oswatitsch 70 Jahre alt. Er ist seit 1960 ordentlicher Professor für Strömungslehre an der Technischen Universität Wien und war von 1956 bis 1973 Direktor des DFVLR-Instituts für Theoretische Gasdynamik in Aachen, von 1973 bis 1978 Direktor am DFVL-Institut für Strömungsmechanik.

Klaus Oswatitsch wurde in Marburg an der Drau als Sohn eines hochrangigen Richters geboren. Er studierte in Graz Mathematik und Physik, wobei er in Anbetracht der schwierigen wirtschaftlichen Verhältnisse neben der rein wissenschaftlichen Ausbildung auch die Lehramtsprüfung ablegte. Dennoch konnte der junge Universitätsabsolvent keine geeignete Stellung in Österreich finden, was wahrscheinlich nicht nur wissenschaftliche, sondern auch politische Gründe hatte.

So ging der 28-jährige Dr. Oswatitsch mit einem Stipendium der Deutschen Forschungsgemeinschaft nach Göttingen, um im dortigen Kaiser Wilhelm-Institut (dem heutigen Max-Planck-Institut) für Strömungsforschung wissenschaftlich zu arbeiten. Es war ein aus der Not geborener Glücksfall; denn Direktor des Instituts war kein Geringerer als Ludwig Prandtl, der damals schon wegen seiner bahnbrechenden Forschungsarbeiten weithin bekannt war.

Prandtl mußte seinen neuen Schüler nicht nur mit den damaligen Entwicklungsrichtungen der Strömungsmechanik vertraut machen, worüber der promovierte Physiker Oswatitsch während seines Studiums kaum etwas gehört hatte; er mußte außerdem auch das damals etwas angeschlagene Selbstbewußtsein des jungen Oswatitsch stärken. Aus vielen Gesprächen mit Professor Oswatitsch ist mir bekannt, daß er diesen menschlichen Aspekt seiner Lehrzeit bei Prandtl heute mindestens so hoch bewertet wie die wissenschaftlichen Anregungen. Und aus eigener Erfahrung weiß ich, wie sehr der Lehrer Oswatitsch bei seinen eigenen Schülern Selbstbewußtsein und Selbständigkeit fördert. Er setzt auch in dieser Hinsicht die Tradition eines hervorragenden Wissenschaftlers fort.

Klaus Oswatitsch ist ein so vielseitiger und produktiver Wissenschaftler, daß sich sein wissenschaftliches Werk hier kaum ausreichend würdigen läßt; rund 130 Veröffentlichungen, darunter mehrere Bücher und Handbuchartikel, lassen sich nicht mit ein paar Sätzen abtun. Nur einige wenige dieser Arbeiten können im folgenden erwähnt werden.

Die erste größere Arbeit betraf die Kondensation von Wasserdampf in Strömungen feuchter Luft. Die damals in Göttingen von Oswatitsch durchgeführten theoretischen Untersuchungen waren jahrzehntelang für die Entwicklung von Hochgeschwindigkeits-Windkanälen von großer Bedeutung und stellen auch heute noch die Grundlage für alle neueren Theorien dar.

In einer anderen frühen Arbeit stellte Oswatitsch einen Entropiesatz auf, in dem der Widerstand eines umströmten Körpers auf die Entropiezunahme im Strömungsfeld zurückgeführt wird. Das ist bereits ein gutes Beispiel für Oswatitschs Fähigkeit, klassische Probleme der Strömungslehre unter neuen Gesichtspunkten zu sehen und hieraus originelle Schlüsse zu ziehen.

Von großer technischer und wirtschaftlicher Bedeutung ist der von Oswatitsch entwickelte Stoßdiffusor. Der Rückgewinn von Druckenergie aus kinetischer Energie ist bekanntlich in Überschallströmungen besonders schwierig. Mit dem Stoßdiffusor schafft man es aber dennoch mit verhältnismäßig kleinen Energieverlusten.

Nach Beendigung des Weltkrieges mußte Oswatitsch Göttingen verlassen. Nach drei Wanderjahren in England, Frankreich und Deutschland kam er nach Stockholm, wo er von 1949 bis 1956 an der Technischen Hochschule als Dozent lehrte und als Berater der SAAB-Flugzeugwerke sowie der Turbinenfirma Stal-Laval wirkte. In dieser Sehaffensperiode gelangen Oswatitsch bedeutende Beiträge zur Formulierung mehrerer neuer Ähnlichkeits- und Äquivalenzgesetze. Seine weitgespannten Interessen umfaßten nicht nur die bereits klassischen Bereiche der Unter- und Überschallgeschwindigkeiten, sondern auch die sich rasch entwickelnden Gebiete der schallnahen Strömungen, der Hyperschallströmungen und der dreidimensionalen Strömungen um schlanke Körper im ganzen Machzahlbereich. Besonders hervorzuheben sind Oswatitschs Beiträge zur Theorie schallnaher Strömungen. Diesem schwierigen, aber faszinierenden Gebiet ist Oswatitsch über viele Jahre hinweg treu geblieben, auch in einer Zeit, in der das als „unmodern" galt. In den letzten Jahren konnte Oswatitsch die Früchte seiner Beharrlichkeit ernten: Bedingt durch die neuesten Entwicklungen im Passagierflugzeugbau sind die schallnahen Strömungen wieder hochaktuell geworden.

Im letzten Jahrzehnt hat Oswatitsch einen beträchtlichen Teil seiner Zeit und seiner Ideen der Behandlung von Wellenausbreitungsvorgängen in Gasen gewidmet. In konsequenter Fortführung verschiedener Vorgängerarbeiten wurde ein sehr leistungsfähiges Verfahren zur Berechnung der Wellenausbreitung in Gasen entwickelt und von Oswatitsch selbst sowie von mehreren seiner Schüler auf viele praktisch wichtige Probleme angewandt: Der beim Überschallflug ebenso wie bei Explosionswellen entstehende Knall, oder die Überschallströmung um Delta-Flügel ebenso wie in Schaufelgittern von Turbomaschinen seien hier als Beispiel genannt.

Klaus Oswatitsch hat die Entwicklung eines für die heutige Technik außerordentlich wichtigen Fachgebiets nicht nur durch Forschungsarbeiten beeinflußt, sondern auch durch seine Bücher und Handbuchartikel. Hier ist vor allem das 1952 erstmalig publizierte Standardwerk über „Gasdynamik" zu nennen. Das Buch ist auch in englischer Sprache erschienen und sogar ins Chinesische übersetzt worden. Aus einer geplanten Neuauflage ist in fünfzehnjähriger Arbeit des Verfassers ein neues zweibändiges Werk über die Grundlagen der Gasdynamik und ihre Spezialgebiete entstanden. Es gibt — wie seinerzeit schon die erste Auflage — einen einzigartigen Überblick über ein schwieriges Fachgebiet, das nicht nur für Ingenieure und Physiker, sondern auch für Mathematiker interessant ist.

Oswatitsch sieht sich selbst in erster Linie als Wissenschaftler und bezeichnet sich gerne als schlechten Organisator. Diese Selbstkritik mag sogar stimmen, wenn man — einem bedauerlichen Trend entsprechend — unter organisatorischer Tätigkeit die reine Administration versteht. Zu ihr stand Oswatitsch immer in einer gewissen Distanz. Das hinderte ihn aber nicht, große Aufbauarbeit zu leisten. So übernahm Oswatitsch 1956 Aufbau und Leitung des Instituts für Theoretische Gasdynamik der Deutschen Versuchsanstalt für Luftfahrt in Aachen, führte das Institut innerhalb weniger Jahre zu internationalem Ansehen und sicherte schließlich in einer Zeit, in der Forschungsplanung mehr gilt als die Forschung selbst, die Weiterexistenz des Instituts in einer anderen organisatorischen Form und an einem anderen Ort. Auch in Wien gelang Oswatitsch — trotz der einengenden räumlichen und finanziellen Verhältnisse — ein Ausbau der strömungsmechanischen Lehre und Forschung, wie er vor seinem Amtsantritt wohl kaum erhofft hätte werden können.

Die Vorlesungen Oswatitschs machen auf die wissenschaftlich interessierten Studenten großen Eindruck. Obwohl rhetorisch keineswegs ausgefeilt, sind sie doch Meisterwerke in der Konzentration auf das Wesentliche, vorgetragen mit dem Enthusiasmus und der Souveränität eines Mannes, der selbst die Entwicklung seines Fachgebietes entscheidend mitgestaltet hat. 32 Doktoren sind bisher aus der Schule Oswatitschs hervorgegangen; ihre erfolgreiche Tätigkeit in in- und ausländischen Hochschulen, Forschungsstätten und in der Industrie ist ein Beweis für die Qualität ihrer Ausbildung. Das menschliche Verhältnis Oswatitschs zu seinen Schülern wird deutlich, wenn man sich in seinen Dienstzimmern in Wien und Göttingen umsieht: Als Patriarch im besten Sinn des Wortes ist er umgeben von den Bildern seiner „wissenschaftlichen Söhne" — und einer „Tochter"!

Vielfache Ehrungen und Auszeichnungen geben Zeugnis von der weltweiten Wertschätzung der Arbeiten Oswatitschs. Er ist u. a. Mitglied mehrerer Akademien, Ehrendoktor an zwei Universitäten und Träger des Ludwig-Prandtl-Rings der Deutschen Gesellschaft für Luft- und Raumfahrt. Obwohl durchaus erfreut über die Anerkennung seiner Leistungen, nennt Professor Oswatitsch selbst gerne die Ehrungen eine Folge seines Alters. Daß dem Jubilar diese persönliche Bescheidenheit, die Hand in Hand geht mit einer temperamentvollen Begeisterungsfähigkeit, noch viele Jahre ebenso erhalten bleiben möge wie seine Gesundheit, Leistungsfähigkeit und Originalität, wünschen alle seine Freunde Kollegen, Mitarbeiter und Schüler.

W. Schneider, Wien

FSC
www.fsc.org
MIX
Papier | Fördert gute Waldnutzung
FSC® C083411

Zeitfracht Medien GmbH
Ferdinand-Jühlke-Straße 7
99095 Erfurt, Deutschland
produktsicherheit@kolibri360.de